Forschungsberichte

Band 95

Berichte aus dem
Institut für Werkzeugmaschinen
und Betriebswissenschaften
der Technischen Universität
München

Herausgeber:
Prof. Dr.-Ing. G. Reinhart
Prof. Dr.-Ing. J. Milberg

Springer-Verlag Berlin Heidelberg GmbH

Niklas Fichtmüller

Rationalisierung durch flexible, hybride Montagesysteme

Mit 83 Abbildungen

Springer-Verlag
Berlin Heidelberg GmbH 1996

Dr.-Ing. Niklas Fichtmüller
Institut für Werkzeugmaschinen und Betriebswissenschaften (iwb), München

Univ.-Prof. Dr.-Ing. G. Reinhart
o. Professor an der Technischen Universität München
Institut für Werkzeugmaschinen und Betriebswissenschaften (iwb), München

Univ.-Prof. Dr.-Ing. J. Milberg
o. Professor an der Technischen Universität München
Institut für Werkzeugmaschinen und Betriebswissenschaften (iwb), München

D91

ISBN 978-3-540-60960-5 ISBN 978-3-662-09672-7 (eBook)
DOI 10.1007/978-3-662-09672-7

Ursprünglich erschienen bei Springer-Verlag Berlin Heidelberg New York 1996

Gesamtherstellung: Hieronymus Buchreproduktions GmbH, München.

SPIN: 10533835 62/3020-543210

Geleitwort der Herausgeber

Die Produktionstechnik ist für die Weiterentwicklung unserer Industriegesellschaft von zentraler Bedeutung. Denn die Leistungsfähigkeit eines Industriebetriebes hängt entscheidend von den eingesetzten Produktionsmitteln, den angewandten Produktionsverfahren und der eingeführten Produktionsorganisation ab. Erst das optimale Zusammenspiel von Mensch, Organisation und Technik erlaubt es, alle Potentiale für den Unternehmenserfolg auszuschöpfen.

Um in dem Spannungsfeld Komplexität, Kosten, Zeit und Qualität bestehen zu können, müssen Produktionsstrukturen ständig neu überdacht und weiterentwickelt werden. Dabei ist es notwendig, die Komplexität von Produkten,Produktionsabläufen und -systemen einerseits zu verringern und andererseits besser zu beherrschen.

Ziel der Forschungsarbeiten des *iwb* ist die ständige Verbesserung von Produktentwicklungs- und Planungssystemen, von Herstellverfahren und Produktionsanlagen. Betriebsorganisation, Produktions- und Arbeitsstrukturen sowie Systeme zur Auftragsabwicklung werden unter besonderer Berücksichtigung mitarbeiterorientierter Anforderungen entwickelt. Die dabei notwendige Steigerung des Automatisierungsgrades darf jedoch nicht zu einer Verfestigung arbeitsteiliger Strukturen führen. Fragen der optimalen Einbindung des Menschen in den Produktentstehungsprozeß spielen deshalb eine sehr wichtige Rolle.

Die im Rahmen dieser Buchreihe erscheinenden Bände stammen thematisch aus den Forschungsbereichen des *iwb*. Diese reichen von der Produktentwicklung über die Planung von Produktionssystemen hin zu den Bereichen Fertigung und Montage. Steuerung und Betrieb von Produktionssystemen, Qualitätssicherung, Verfügbarkeit und Autonomie sind Querschnittsthemen hierfür. In den *iwb*-Forschungsberichten werden neue Ergebnisse und Erkenntnisse aus der praxisnahen Forschung des *iwb* veröffentlicht. Diese Buchreihe soll dazu beitragen, den Wissenstransfer zwischen dem Hochschulbereich und dem Anwender in der Praxis zu verbessern.

Joachim Milberg *Gunther Reinhart*

Vorwort

Die vorliegende Dissertation entstand während meiner Tätigkeit als wissenschaftlicher Mitarbeiter am Institut für Werkzeugmaschinen und Betriebswissenschaften (iwb) der Technischen Universität München.

Herrn Prof. Dr.-Ing. Joachim Milberg und Herrn Prof. Dr.-Ing. Gunther Reinhart, den Leitern dieses Instituts, gilt mein besonderer Dank für die wohlwollende Förderung und großzügige Unterstützung meiner Arbeit.

Bei Herrn Prof. Dr.-Ing. Dieter Spath, dem Leiter des Lehrstuhls für Werkzeugmaschinen und Betriebstechnik der Universität Karlsruhe, möchte ich mich für die Übernahme des Korreferates und die aufmerksame Durchsicht der Arbeit bedanken.

Darüberhinaus möchte ich allen Mitarbeiterinnen und Mitarbeitern des Instituts sowie allen Studenten, die mich bei der Erstellung meiner Arbeit unterstützt haben, und nicht zuletzt meiner Familie meinen Dank aussprechen.

München, *im März 1996* *Niklas Fichtmüller*

0 Inhaltsverzeichnis

1 Einführung

1.1 Einleitung

"Stillstand bedeutet Rückschritt". Diesem Leitgedanken folgend versuchen Firmen in der produzierenden Industrie die Kosten für die Herstellung ihrer Produkte immer weiter zu reduzieren, um über die Preise konkurrenzfähig zu bleiben. Einen zusätzlichen Schub für verstärkte Rationalisierungsanstrengungen brachten in den letzten Jahren einerseits das Erscheinen der MIT-Studie "The Machine that changed the World" (*Womack u. a. 1991*) und andererseits die wirtschaftliche Öffnung der Länder Osteuropas. In der Studie des MIT, in der das Schlagwort "Lean-Production" geprägt wurde, ist aufgedeckt worden, daß die japanische Automobilindustrie im Vergleich zur amerikanischen und europäischen deutlich effizienter arbeitet, da sie sich weniger 'Verschwendung' durch nicht wertschöpfende Tätigkeiten in allen Stadien der Produktentstehung leistet. In den Ländern des ehemaligen Ostblocks kann derzeit bei gleicher Arbeitsweise, wie man sie bisher in Westeuropa gewohnt ist, oftmals kostengünstiger produziert werden als in den heimischen Unternehmen, da diese Länder über ein deutlich niedrigeres Lohnniveau verfügen. Somit wird trotz zusätzlicher Kosten wie beispielsweise für den Transport von dort aus der Wettbewerb für die heimischen Unternehmen verschärft.

Die Unternehmen sind also zur Sicherung des weiteren Überlebens gefordert, ihren Produkterstellungsprozeß ständig zu verbessern und zu rationalisieren. Dies gilt nicht nur für die in der MIT-Studie besonders herausgearbeiteten Punkte in den der Fertigung vorgelagerten Bereichen, sondern es müssen für diese Optimierungen alle Systembestandteile mit ihren Randbedingungen betrachtet werden (*Vester 1987*) . Vester erklärt dort, daß gerade in einem komplexen System, wie es eine Firma darstellt, nicht eine Änderung durchgeführt werden kann, ohne daß Rückkopplungen auf andere Systembestandteile auftreten. Für den Bereich der Produktionstechnik haben sich die drei sich gegenseitig beeinflussenden Hauptbereiche 'Mensch', 'Organisation' und 'Technik' herauskristallisiert (*Reinhart u. a. 1994*), welche demnach alle gleichermaßen durch

Verbesserungsmaßnahmen unterstützt werden müssen, um eine rationellere und damit konkurrenzfähigere Produktion zu erzielen. Wird - wie im Bild 1.1 dargestellt - beispielsweise nur die Organisation verbessert, ist noch kein allgemeines Optimum erreicht. Erst die Veränderung auch der anderen Bereiche führt zu einer vollen Nutzung der Rationalisierungspotentiale.

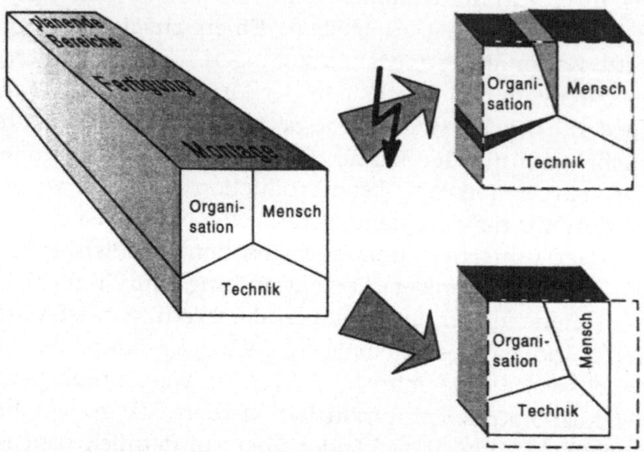

Bild 1.1: Wesentliche Einflußgrößen für die Produktionstechnik nach Reinhart u. a. (1994a) und deren sinnvolle Veränderungen

Der Schwerpunkt der vorliegenden Arbeit liegt auf der Entwicklung und Untersuchung von Möglichkeiten zur Verbesserung der Arbeitssysteme im Bereich der Montage, wobei auch die damit verbundenen Änderungen in der Organisation und die Auswirkungen für den Menschen mit betrachtet werden sollen. Der Rationalisierungsansatz baut dabei auf der Grundidee auf, daß durch eine Flexibilisierung von hybriden oder - anders ausgedrückt - teilautomatisierten Arbeitsplätzen eventuell Kosten eingespart werden können. Die Untersuchungen beziehen sich dabei auf den Bereich der Kleingerätemontage.

Zu Beginn werden dazu die beiden das Thema eingrenzenden Begriffe 'hybride Montagearbeitsplätze' und 'Flexibilität' näher betrachtet, um im folgenden die Zielsetzung und Vorgehensweise der Arbeit abzuleiten.

1.2 Hybride Montagearbeitsplätze

Hybride Montagearbeitsplätze können auch 'hybride Systeme' genannt werden und sind definiert als Montagesysteme, in denen Montageverrichtungen teilweise manuell und teilweise automatisiert ausgeführt werden (*Seliger u. a. 1992a*). In *REFA (1971)* findet sich dazu eine formalisierte Darstellung aus der Systemtechnik, in der sich innerhalb der Systemgrenzen der Mensch und das oder die betreffende(n) Betriebsmittel befinden und in das von außen Material, Information sowie Energie eingebracht werden. Als Ergebnis verläßt das montierte Produkt das System (Bild 1.2).

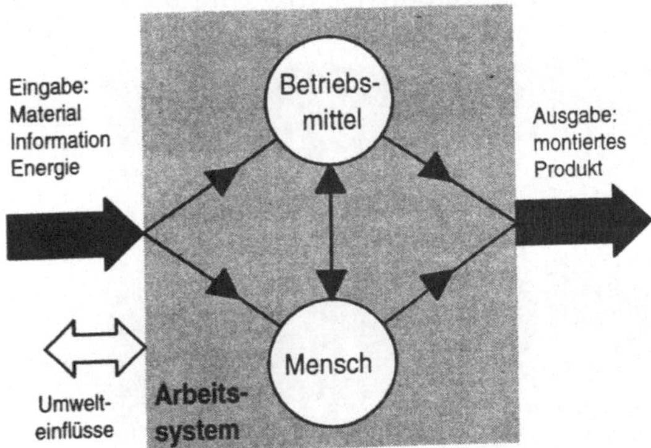

Bild 1.2: Systemtechnische Darstellung eines hybriden Montagesystems nach REFA (1971, S. 68)

Gegenüber rein manuellen Arbeitsplätzen, die sich - wie aus der Praxis ersichtlich - außer beispielsweise in der Einzelmontage selten als wirtschaftlich herausstellen, und vollautomatisierten Montagearbeitsplätzen, die derzeit nur bei sehr hohen Stückzahlen sinnvoll eingesetzt werden können, ergibt sich mit der Erweiterung der Betrachtungen auf hybride Arbeitsplätze die Möglichkeit, die gesamte Bandbreite des Automatisierungsgrades einzustellen. Der Automatisierungsgrad ist dabei definiert als der Quotient aus der Summe der automatisch getroffenen Entscheidungen zur Summe der automatisierbaren Entscheidungen (*DIN 19233*) in Prozent.

Bild 1.3 verdeutlicht die Definition der hybriden Montagearbeitsplätze weiter. Es ist dort ein Arbeitsplatz erkennbar, der in eine Montagelinie integriert ist. Die Schnittstellen des einzelnen Platzes innerhalb der gesamten Anlage sind die beiden Drehteller, die zur Materialanlieferung und -weitergabe dienen. Neben verschiedenen Bestückaufgaben, die die vor dem Arbeitsplatz auf dem Stuhl sitzende Person manuell erledigt, sind einige Montageschritte mechanisiert oder automatisiert. Von den drei über dem Arbeitsplatz hängenden Pneumatikschraubern dienen zwei dem mechanisierten Eindrehen von Schrauben; der dritte Schrauber ist zusätzlich mit einer automatischen Schraubenzuführung ausgestattet, so daß die zugehörige Schraube bei der Montage nicht mehr manuell gesteckt werden muß. Diese Teilautomatisierung charakterisiert auch den

Bild 1.3: Beispiel eines hybriden Montagearbeitsplatzes

Unterschied zum 'manuellen Arbeitsplatz' nach Lotter & Schilling (*1994a*).

Im vorigen Beispiel ist der Arbeitsplatz ein an sich hybrides Subsystem einer gesamten Montagelinie; darüberhinaus ist es auch vorstellbar, daß der Arbeitsplatz unabhängig von anderen aufgebaut ist; es handelt sich dann um ein komplettes hybrides Montagesystem. Ein hybrides Montagesystem kann ebenfalls auch aus rein manuellen Stationen in Kombination mit vollautomatischen Zellen aufgebaut sein (Bild 1.4).

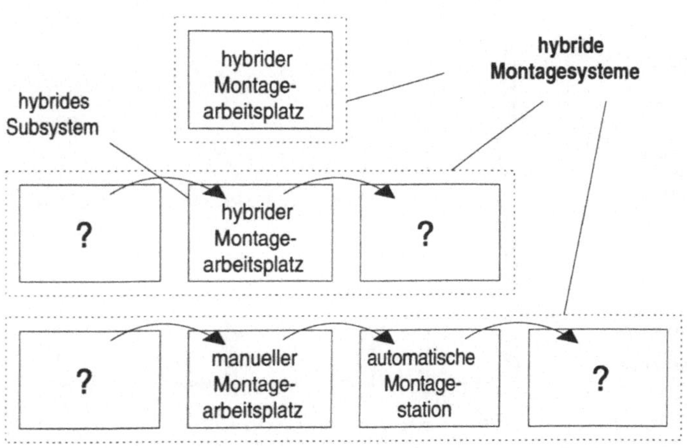

Bild 1.4: Systematische Zusammenstellung der Ausprägungen hybrider Montagesysteme

Spur u. a. (*1986*) klassifizieren weiter detaillierend die Montagetätigkeiten und ordnen den einzelnen Klassen Lösungen für die verschiedenen möglichen Entwicklungsstufen zu. Als formale Tätigkeitsklassen haben sich bei Spur u. a. herausgestellt:

- Zuführung von Energie
- Führung der Werkzeuge
- Steuern des Prozesses
- Überwachen und Optimieren

Wie in Bild 1.5 dargestellt, ziehen die drei Entwicklungsstufen 'manuell', 'mechanisiert' oder 'automatisiert' unterschiedliche Systemelemente nach sich, wodurch bei entsprechender Kombination teilautomatisierte oder hybride Arbeitssysteme entstehen können.

	Entwicklungsstufen von Montagesystemen			
Aufgabenbereiche	manuell	mechanisiert	automatisiert	
			starr	adaptiv
Zuführung der Energie	Mensch	Antrieb	Antrieb	Antrieb
Führung der Werkzeuge	Mensch	Mensch	Maschine	Maschine
Steuern des Prozesses	Mensch	Mensch	Steuerung	Steuerung
Überwachen und Optimieren	Mensch	Mensch	Mensch	Sensoren

Bild 1.5: Beispiele für Arbeitssystembestandteile auf verschiedenen Automatisierungsstufen nach Spur u. a. (1986)

Eversheim u. a. (*1991*) haben eine ähnliche Struktur für den Bereich der Teilefertigung erstellt. Dort werden in Abhängigkeit von den Umgebungsumständen vier verschiedene Stufen der sukzessiven Automatisierung von der Ausstattung einer Werkzeugmaschine mit einer NC-Steuerung bis zur Installation eines automatischen Werkzeug- oder Werkstücktransportsystems vorgeschlagen.

In der Praxis sind, wie aus einer innerhalb dieser Arbeit durchgeführten Analyse bei verschiedenen Firmen hervorgeht, nahezu alle Arbeitsplätze der Kategorie 'hybride Arbeitsplätze' zuzuordnen. Zumeist ist als Minimalausrüstung wenigstens ein Schraubeneindrehprozeß durch einen Druckluft- oder Elektroschrauber mechanisiert. Der Grund hierfür liegt in der Wirtschaftlichkeit der realisierten

Arbeitssysteme. In Bild 1.6 ist dazu die idealisierte Darstellung für einen beispielhaften Kostenverlauf in Abhängigkeit vom Automatisie-rungsgrad dargestellt. Die Gesamtstückkostenkurve stellt hierbei die Addition der beiden darunterliegenden Kurven, nämlich der Lohnstückkostenkurve und der Stückkostenkurve für die Automatisierung dar. Weitere Kostenfaktoren, wie beispielsweise die Gemein-kosten oder die Materialkosten, sind zur besseren Übersichtlichkeit weggelassen.

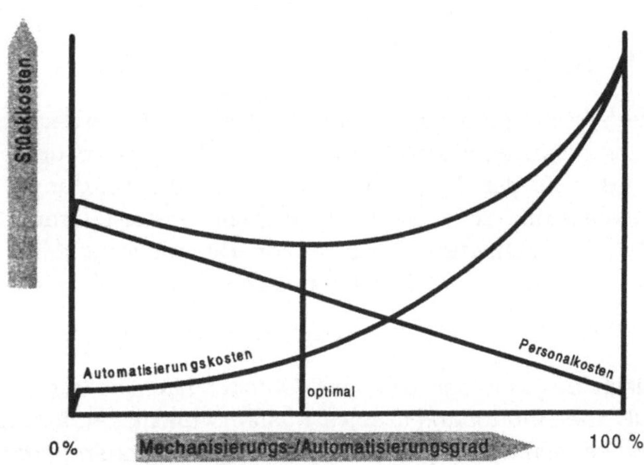

Bild 1.6: Idealisierter Verlauf der Stückkosten in Abhängigkeit vom Mechanisierungs-/Automatisierungsgrad nach Lotter & Schilling (1994b)

Die direkten Lohnkosten je Stück nehmen definitionsgemäß linear mit wachsendem Automatisierungsgrad ab, sofern bei Reduzierung des Personals am betrachteten System keine Sonderkosten entstehen. Die Stückkostenkurve für die Automatisierungsinvestitionen inklusive der Folgekosten hat einen progressiven Verlauf, da bei einer sukzessiven Steigerung des Automatisierungsgrades zuerst die einfach und kostengünstig zu automatisierenden Tätigkeiten rationalisiert werden und im weiteren der Aufwand für den nächsten zu verändernden Prozeß überproportional steigt. Die Gesamtstückkostenkurve weist dabei ein Minimum auf, das sich am Punkt des von der Wirtschaftlichkeit her optimalen Automatisierungsgrades befindet. Dadurch, daß sich dieses Minimum zumeist weder bei 0 % noch bei 100 % befindet, kommt es zu den in der Praxis häufig anzutreffenden 'hybriden Arbeitsplätzen'.

Zahlreiche Berichte belegen, daß sich die Entwicklung in Richtung der Integration hybrider Arbeitssysteme in das industrielle Umfeld als wirtschaftlich erweist (*Eversheim u. a. 1992; Immisch 1992; Kögel 1993; MacLaren 1983; Seliger u. a. 1992b*).

1.3 Flexibilität

Die zweite Spezifikation der innerhalb dieser Arbeit zu entwickelnden und zu diskutierenden Arbeitssysteme besteht in der Flexibilität. Der Begriff der Flexibilität ist in der Verwendung für die Produktionstechnik nicht eindeutig festgelegt. In der Literatur lassen sich deshalb verschiedene Ansätze zur Eingrenzung des Begriffs 'Flexibilität' finden, die im folgenden dargestellt werden sollen.

Schmidt (*1992, S. 46*) gibt folgende prinzipielle Definition an:

Flexibilität in der Montage bzw. in Montagesystemen kann definiert werden als die Anpaßbarkeit eines Systems an die Änderungen bei den zu produzierenden Produkten, den Produktionsanforderungen sowie den Produktionsbedingungen.

Im weiteren unterscheidet Schmidt zwischen interner und externer Flexibilität, wobei sich ein Montagesystem bei interner Flexibilität durch einfaches Umprogrammieren der bereits auf die Produktionsänderung vorbereiteten Anlage anpassen läßt. Externe Flexibilität bedeutet, daß die Anpassung durch einen Eingriff über die Systemgrenze hinweg erfolgt, also beispielsweise durch den Austausch eines Montagewerkzeuges. Bullinger u. a. (*1986*) bezeichnen diese Einteilung mit 'Einsatz-' und 'Anpaßflexibilität'.

Bullinger u. a. (*1986*) wählen neben der erwähnten Einteilung noch andere Eingrenzungen, indem sie den zusätzlichen, von ihnen klassifizierten Flexibilitätsarten entsprechende Eigenschaften des Montagesystems zuordnen. Diese Flexibilitätsarten werden in Bild 1.7 gezeigt.

Eigenschaft	Schlagwort
Fähigkeit eines Montagesystems, verschiedene Fertigungsaufgaben ohne großen Umrüstaufwand ausführen zu können.	Einsatzflexibilität (Vielseitigkeit)
Eigenschaften eines Montagesystems, sich an neue Anforderungen verschiedener Fertigungsaufgaben anpassen zu können, ohne daß entsprechende Funktionselemente ständig vorhanden sind.	Anpaßflexibilität (Anpassungsfähigkeit)
Unabhängigkeit bei der Wahl von Bearbeitungspfaden für verschiedene Montageaufgaben in Mehrstationen-Fertigungssystemen.	Durchlauffreizügigkeit
Vorhandensein von mehr als zur augenblicklichen Funktionserfüllung notwendigen Funktionsträgern, die im Störungsfall eingesetzt werden können.	Fertigungsredundanz
Erweiterungsfähigkeit eines Montagesystems hinsichtlich der quantitativen Kapazität.	Erweiterungsfähigkeit der quantitativen Kapazität
Erweiterungsfähigkeit eines Montagesystems hinsichtlich der qualitativen Kapazität.	Erweiterungsfähigkeit der qualitativen Kapazität
Möglichkeit zum Ausgleich von schwankenden Arbeitszeiten in direkt aufeinanderfolgenden Arbeitsstationen eines Montagesystems.	Speicherfähigkeit

Bild 1.7: Flexibilitätsarten nach Bullinger u. a. (1986)

Andreasen u. a. (*1988*) formulieren zur detaillierten Betrachtung von 'Flexibilität' sechs verschiedene Flexibilitätsarten in Abhängigkeit von den einzelnen Stadien der Systemgestaltung beziehungsweise Produktion, in welchen sie jeweils Verwendung finden. Es sind dies die

- Planungsflexibilität,
- Rüstflexibilität,
- Toleranzflexibilität,
- Einsatzflexibilität,
- Anpaßflexibiltät und
- Wiederverwendungsflexibilität.

Allerdings schränken Andreasen u. a. ein, daß es für die Flexibilität keine absoluten Werte gibt, da Flexibität eine relative Eigenschaft ist. Prinzipiell ist es für alle Anwender sinnvoll, so viel Flexibilität wie möglich in ihre Produktionssysteme zu integrieren, wobei dieses Ziel bei zunehmender Flexibilität durch steigende Kosten und oft durch einen Verlust an Produktivität von der Wirtschaftlichkeit her eingeschränkt wird.

Schröder (*1984*) zeigt qualitativ die Auswirkungen von Produktivität und Flexibilität auf die Investitionskosten bei Bearbeitungssystemen, wobei die Situation für die Montage als ähnlich angenommen werden kann (Bild 1.8).

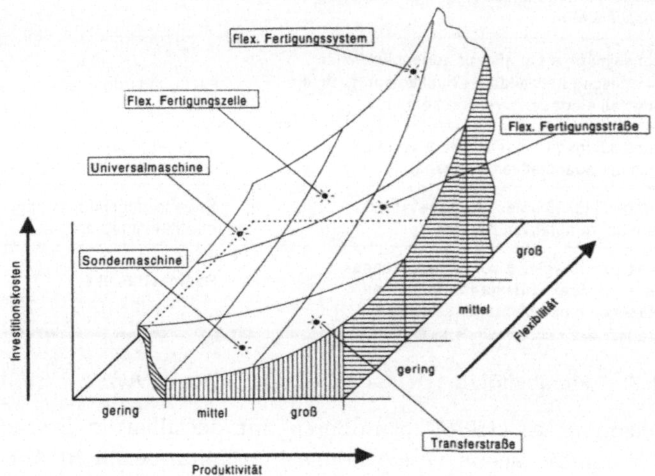

Bild 1.8: Qualitativer Investitionskostenverlauf nach Schröder (1984)

Flexibilität ist also eine Eigenschaft, die sich in verschiedenen Ausprägungen der Anpassungsfähigkeit einstellen kann, die jedoch nicht eindeutig definiert ist. Bei allen untersuchten Autoren werden im Umfeld sinkender Losgrößen, steigender Variantenzahlen sowie wachsender Unsicherheit bezüglich des Absatzverhaltens flexible Montagesysteme zur Bewältigung der Aufgaben als sinnvoll erachtet. Begründet wird die Forderung nach Flexibilität allerdings unterschiedlich. Schmidt (*1992*) führt dazu allgemein die ständige Verkürzung der Produktlebensdauer und die Erhöhung der Variantenvielfalt an. Bullinger u. a. (*1986*) sehen dagegen als Ursache für die eventuelle Notwendigkeit der Flexibilität nur die sich aus der jeweiligen Planungsaufgabe ergebenden Anforderungen, die z. B. eine Vorbereitung des Montagesystems für verschiedene Produktvarianten erfordert.

Es existiert jedoch in der Literatur kein Begriff für eine Flexibilitätsart beziehungsweise kein Ansatz, bei dem die Flexibilität gezielt zur Reduktion von Kosten eingesetzt wird. Innerhalb dieser Arbeit soll deshalb der Flexibilitätsbegriff unabhängig von den verschiedenen Definitionen verwendet und damit bewußt nicht von vorne herein eingeschränkt werden. Die zu erarbeitenden Anforderungen an zukünftige Montagesysteme legen individuell verschiedene Ausprägungen von Flexibilität fest, die zu einer Kostenreduzierung in die Arbeitsplätze zu integrieren sind.

1.4 Zielsetzung und Vorgehensweise

Wie in der Einleitung erwähnt, ist das grundlegende Ziel dieser Arbeit eine Entwicklung von hybriden Montagesystemen, die durch ihre flexible Gestaltung eine Freisetzung von bisher nicht genutzten Rationalisierungspotentialen zulassen. Diese umfassende Aufgabenstellung kann für eine detaillierte Bearbeitung in folgende Teilziele zerlegt werden:

- die Feststellung der Einflußgrößen, mit deren Veränderung durch einen Einsatz der geplanten Technologie gegenüber der bisher üblichen eine Kostenreduzierung erreicht werden kann,
- die Erfassung der möglichen Szenarien, in welchen die heute eingesetzte Montagetechnik durch die Flexibilisierung weiter rationalisiert werden kann,
- die Ableitung der Anforderungen an flexible, hybride Montagesysteme aus verschiedenen Blickwinkeln,
- Entwicklung eines Gesamtkonzepts für flexible, hybride Montagesysteme,
- die Strukturierung und Systematisierung bekannter Montagesysteme sowie eine Erfassung der eingesetzten Bestandteile als Basis für die Konzeption zukünftiger flexibler Montagearbeitsplätze und

- die Entwicklung von beispielhaften Montagesystemen zur Umsetzung der erarbeiteten Umgestaltungsmaßnahmen.

Entsprechend diesen Teilzielen werden als Vorgehensweise auch die einzelnen Arbeitsschritte definiert. Zu Beginn wird der Stand der Technik in zwei Richtungen aufbereitet. Einerseits wird abgeleitet, daß der hier zu untersuchende Ansatz bisher nicht berücksichtigt worden ist; andererseits werden die bekannten Grundlagen für die Bearbeitung der einzelnen Teilschritte beschrieben.

Den Hauptteil der Arbeit stellen die folgenden Arbeitspunkte dar, die zur Entwicklung eines Baukastensystems für die flexible Konfiguration hybrider Montagearbeitsplätze führen (Bild 1.8).

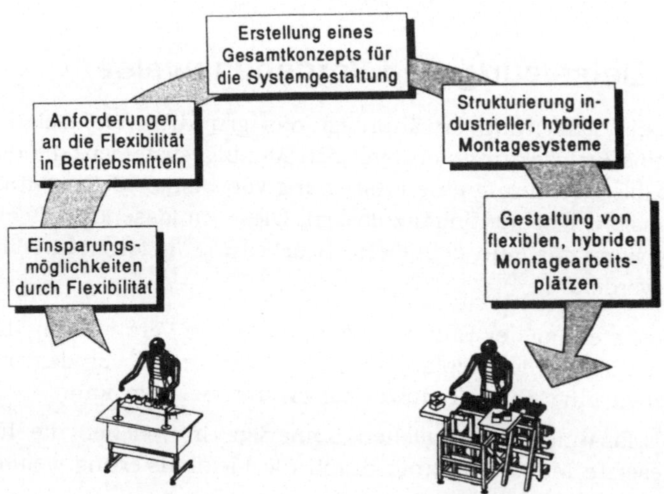

Bild 1.9: Vorgehensweise für den Hauptteil dieser Arbeit

- Im ersten Schritt erfolgt die allgemeine Ableitung der Einsparungsmöglichkeiten durch die Flexibilisierung von Montagesystemen. Dazu wird die Kostenrechnung als Modelldarstellung verwendet.
- Für die ermittelten Potentiale werden weiterhin die dafür notwendigen Umstellungen für jeden der Punkte einzeln diskutiert

und die daraus resultierenden Anforderungen an die Montagesysteme erfaßt.

- Es folgt die Entwicklung eines Gesamtkonzepts für die Systemgestaltung. Dort werden neben den Parametern für die Gestaltung von flexiblen, hybriden Montagesystemen die organisatorischen Randbedingungen und die hierfür notwendige Kostenrechnung beleuchtet, um eine umfassende Einbindung dieser Rationalisierungsmöglichkeit zu gewährleisten.
- Den vierten Schritt stellt eine Analyse eingesetzter Montagesysteme und eine Strukturierung ihrer Bestandteile dar, um eine Basis für die Erarbeitung der montagetechnischen Anforderungen an die Gestaltung flexibler Arbeitssysteme zu schaffen.
- Aufbauend auf den vorher erarbeiteten wirtschaftlichen und technischen Anforderungen wird ein Baukastensystem entwickelt und in Form von Pilotaufbauten für die am häufigsten realisierten Montagesysteme deren Umsetzbarkeit nachgewiesen.

Am Ende der Arbeit werden in einem letzten Schritt anhand eines konkreten Beispiels die möglichen Einsparungen dargestellt.

2 Stand der Technik

Das Kapitel 'Stand der Technik' verfolgt zwei Zielsetzungen. Zum einen dient es zur Aufarbeitung der Rationalisierungsansätze für die Montage bei anderen Autoren. Weiterhin wird eine Analyse von als flexible, hybride Montagesysteme realisierten Einrichtungen durchgeführt. Aus diesen beiden Abschnitten kann abgelesen werden, daß weder der dieser Arbeit zugrundeliegende Ansatz der Rationalisierung durch Flexibilisierung wissenschaftlich behandelt worden ist, noch entsprechende Systeme verfügbar sind.

Die zweite Zielsetzung ist die Zusammenstellung von Ergebnissen und bereits bekannten Vorgehensweisen, die die Untersuchungen in dieser Arbeit unterstützen. Es sind dies verschiedene Strukturierungen von Montagesystemen bei anderen Autoren und als Methoden die bekannten Möglichkeiten zur Flexibilisierung. Alle vier Punkte sollen im folgenden in eigenen Abschnitten betrachtet werden.

2.1 Bekannte Ansätze für die Rationalisierung der Montage

Die Montage stellt häufig einen hohen Kostenanteil in der Produktentstehung dar. Gairola (*1985*) setzt den Montagekostenanteil aufgrund einer Analyse der verschiedenen Produktionsbereiche auf 'bis 70 %' der Gesamtfertigungskosten fest. Vielfach werden deshalb die größten Rationalisierungspotentiale in der Montage gesehen.

In der Forschung wurde dieser Tatsache Rechnung getragen durch die Entwicklung und Untersuchung verschiedener Ansätze, eine Rationalisierung in der Montage zu ermöglichen. Dilling u. a. (*1975*) unterteilen die Ansätze in organisatorische, technologische und technische Maßnahmen. Weiter detaillierend geben die Autoren für die jeweiligen Maßnahmengruppen noch Bereiche an, in welchen sie angewendet werden können. Bei den technologischen Maßnahmen sind dies beispielsweise die Produktgestaltung, die Verfahrenswahl, die Einzelteilgestaltung sowie Toleranzen und Qualität.

Eine ähnliche Aufteilung wählen Lotter und Schilling (*1994a*), indem sie die gegenüber Dilling u. a. erweiterten Rationalisierungsmaßnahmen in den verschiedenen Bereichen in Gruppen konstruktiver, technischer, organisatorischer und arbeitswissenschaftlicher Methoden zusammenfassen (Bild 2.1).

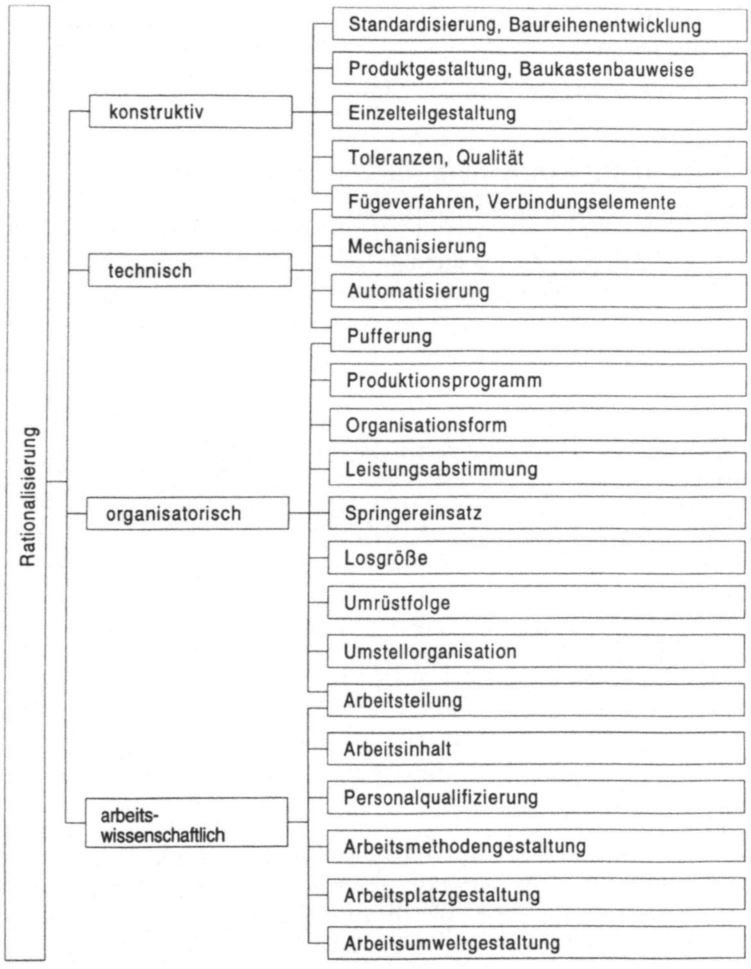

Bild 2.1: Rationalisierungsansätze nach Lotter & Schilling (1994a)

Die Sammlung der Rationalisierungsansätze von Abele u. a. (*1984*) beruht auf den Ergebnissen einer Befragung von 355 Firmen, die folgende Rationalisierungsmaßnahmen als für die Unternehmen wichtig erachtet haben:

- Produktgestaltung,
- Überprüfung/ Veränderung der Arbeitsabläufe, -organisation und -strukturierung,
- Mechanisierung/Automatisierung,
- Einführung neuer Fertigungs- und Fügetechnologien,
- Überprüfung/Veränderung der Zeitvorgaben und
- Material-/Werkstoffänderungen.

In der letzten aus den allgemeinen Aufstellungen hat Eversheim (*1987*) für den Bereich der Einzel- und Kleinserienmontage als Rationalisierungsansätze besonders die Produktgestaltung und die montageorientierte Ablaufgestaltung herausgestellt. Aufgrund der geringen Wiederholfrequenz der Montageverrichtungen bei den niedrigen Stückzahlen eignen sich dort technische und technologische Maßnahmen weniger zur Verringerung des Montageaufwands als organisatorische.

Aus der Zusammenstellung der Arbeiten, die sich mit der Erarbeitung von Rationalsierungsansätzen für die Montage im allgemeinen beschäftigen, läßt sich ablesen, daß der Ansatz zur Flexibilisierung von Montagesystemen im Sinne der vorliegenden Arbeit bisher nicht untersucht worden ist.

Allerdings existieren für die Teilaspekte 'Produktgestaltung' und 'organisatorische Maßnahmen' aus den oben angesprochenen Maßnahmenbereichen weiterführende Arbeiten, die nachfolgend untersucht werden.

Unter dem Titel 'montagegerechte Produktgestaltung' sind mehrere Möglichkeiten bekannt, das Produkt und damit den Montageprozeß zu standardisieren sowie die Komplexität des Montagevorgangs durch entsprechend gewählte Toleranzen oder das gewählte Fügeverfahren zu verringern. In einer Untersuchung von 17 elektrotechnischen Produkten stellt Bäßler (*1988*) fest, daß sich deutliche

Automatisierungshemmnisse durch komplexe Fügebewegungen, wegen der Montage biegeschlaffer Bauteile, wegen der schwierigen Teilebereitstellung oder aufgrund erforderlicher Justageaufgaben ergeben. Gairola (*1985*) macht sogar eine mangelnde montagegerechte Konstruktion dafür verantwortlich, daß trotz der Entwicklung flexibler Montagetechnologien der Anteil der manuellen, teuren Montage immer noch bei bis zu 90 % liegt. Die Erleichterung einer rationellen Montage verspricht er sich durch die Vereinfachung der Montageaufgabe über die Verringerung von Teilezahl und -vielfalt sowie durch eine montagegerechte Verbindungsauswahl. Die Erarbeitung verschiedener Gestaltungsalternativen verschafft darüber hinaus als Lösungsansatz der Montageplanung die Möglichkeit, die Organisation zu verbessern; die automatisierungsgerechte Gestaltung hilft bei der Erleichterung der Montagedurchführung. Barthelmeß (*1987*) erleichtert die montagegerechte Konstruktion, indem er dem Konstrukteur die Vielzahl der möglichen Lösungen mittels einer Strukturierung der Montageergebnisse entsprechend der Grundfunktionen Signalumsatz, Stoffumsatz und Energieumsatz gliedert. Das Ergebnis sind eine verringerte und für den Konstrukteur leichter zu handhabende Anzahl von Einzelfunktionen der Montage, die im Sinne einer einfachen Montage kombiniert werden können.

Im Bereich der organisatorischen Maßnahmen wird zuerst die Optimierung der zeitlichen, mengenmäßigen und räumlichen Abstimmung der Arbeitsfolgen zueinander als Rationalisierungsansatz gesehen. Dazu lassen sich beispielsweise mit Hilfe der Ablaufsimulation optimal abgestimmte Montagesysteme planen *(Amann 1994)*. In der arbeitswissenschaftlichen und sozialen Optimierung steht das Bewegungsstudium an erster Stelle. Über Methoden, wie MTM (Methods Time Measurement) oder WF (Work Faktor) läßt sich eine Bewegungsverdichtung vornehmen und die Montagezeit deutlich reduzieren. Allerdings kann für die Gestaltung der Arbeitsplätze nicht nur die maximale 'physiologische Leistungsgrenze' allein betrachtet werden, da sonst negative Auswirkungen aufgrund psychischer Einflußfaktoren auftreten können *(Dilling u. a. 1975)*. Erleichtert werden kann die Optimierung der Arbeitsplatzgestaltung auch durch eine 3-D-Bewegungssimulation, der die Methoden der Zeitermittlung nach MTM hinterlegt sind (*Kummetsteiner 1994*).

Auf der organisatorischen Ebene werden Rationalisierungsanstrengungen auch durch die Integration von Fertigungs- und Montageschritten unternommen. Seidel (*1995*) stellt hierzu beispielsweise die Teilebereitstellung von Spritzteilen vor, bei welcher die Einzelteile als Gurt aneinandergereiht gespritzt werden. Dadurch, daß die Trennung der Einzelteile erst in der Montage erfolgt, kann ein hoher Ordnungsgrad der Teile zwischen Fertigung und Montage aufrechterhalten werden und es läßt sich der Handlingsaufwand erheblich rationalisieren.

Durch die Zusammenfassung von Gruppen oder Teilefamilien sowie durch Standardisierung, so sagen Dilling u. a. (*1975*) weiter, lassen sich zusätzliche Rationalisierungspotentiale freisetzen, da hiermit Betriebsmittel intensiver eingesetzt und die Vorgänge wirtschaftlicher werden. Als Wege dorthin werden die Zusammenfassung von 'Montageeinheiten mit gleichem oder ähnlichem Montageablauf an einen gemeinsamen Arbeitsplatz' oder die Ausgliederung von Verrichtungen aus dem allgemeinen Fluß auf spezialisierte Arbeitsplätze gesehen.

Die Rationalisierung der Montage ist also bei vielen Autoren ein wichtiger Untersuchungsbereich. Aus der Darstellung der verschiedenen Ansätze - auch der zuletzt dargestellten Maßnahmen für einzelne Bereiche aus dem Feld der Optimierungsmöglichkeiten - läßt sich ablesen, daß der Gedanke, durch die Flexibilisierung von hybriden Arbeitsplätzen Kosten einzusparen, bisher nicht weiter verfolgt worden ist.

Für die Zukunft kann eine Untersuchung dieses neuen Ansatzes jedoch durchaus weitere Einsparungsmöglichkeiten schaffen. Seliger u. a. (*1991*) haben in einem Vortrag zu Rationalisierungspotentialen in der Montage deshalb das Postulat aufgestellt, daß gerätetechnisch durch höhere Flexibilität und Modularität Rationalisierungspotentiale erschlossen werden können. Ebenso erwartet Feldmann (*1993*a) die zukünftige Vertiefung der hier diskutierten Problematik als Tendenz oder Entwicklungslinie.

2.2 Realisierungsformen flexibler, hybrider Montagesysteme

Wie bereits erwähnt, existiert die Forderung an die Systemhersteller nach flexiblen Systemen, die sich für verschiedene Aufgaben und unter variablen Randbedingungen einsetzen lassen, auch im Bereich der hybriden Montage bereits länger. Insbesondere steht hierbei die Anpaß- und Nutzbarkeit der Systeme für verschiedene Varianten im Vordergrund. Viele Hersteller von Montagesystemen reagierten darauf und bieten ihre Produkte als flexible Systeme an.

Im folgenden Abschnitt sollen diese Angebote näher beleuchtet und ihre Eignung zur Kosteneinsparung durch Flexibilisierung untersucht werden. Bei der Sammlung der bekannten Lösungen konnten fünf verschiedene Arten von Arbeitssystemen voneinander abgegrenzt werden, die jeweils in eigenen Abschnitten behandelt werden. Bei der letzten der fünf Kategorien, den Linearachsen, handelt es sich nicht um komplette Montagesysteme im eigentlichen Sinne; sie werden jedoch als mögliche wesentliche Bestandteile von flexiblen Systemen in die Betrachtung mit aufgenommen.

2.2.1 Montagesysteme mit integriertem Materialfluß

Auf dem Markt haben sich bei diesem Typ im wesentlichen Anlagen durchgesetzt, die auf dem Prinzip des mechanisierten Materialflusses zwischen mehreren Stationen über ein Doppelgurtförderband basieren. Auf diesem Band werden die Montageteile mittels Werkstückträgern beispielsweise von einem manuellen Arbeitsplatz in Schoßbandanordnung durch eine Automatikstation zu einem weiteren manuellen Arbeitsplatz befördert. Die Einstellung eines optimalen Automatisierungsgrades erfolgt über die individuelle Automatisierung der einzelnen Stationen (*Hank 1991; Scherff 1990a*) (Bild 2.2). Neben der Ausführung des Transportsystems als Doppelgurtförderband sind weitere Varianten bekannt, wie z.B. die Verwendung von angetriebenen Werkstückträgern, die auf Schienen laufen (*Egge 1993*).

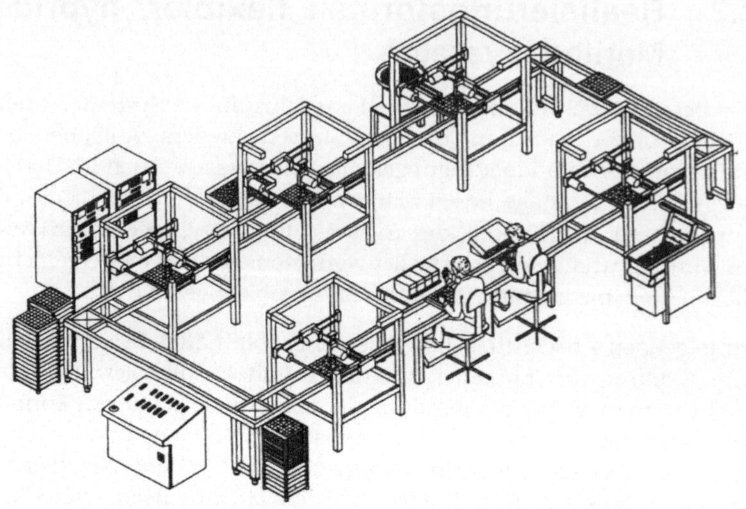

Bild 2.2: Hybrides Montagesystem mit integriertem Materialfluß nach Hank (1991)

Es hat sich herausgestellt, daß diese Formen der flexiblen Gestaltung zwar für den ersten Aufbau eine individuelle Konfiguration des Systems zulassen, bei einem erforderlichen Umbau jedoch deutliche Probleme für die optimale Anpassung aufwerfen. Einige Hersteller haben daher - weiterhin basierend auf dem Prinzip, den Materialfluß zu automatisieren - schnell austauschbare Module entwickelt (*Apitius 1992; Apitius 1993a; Apitius 1993b; Dinger 1990; Hesselbach 1989; Kleinklaus 1990; Lotter 1992a; Naumann 1993*). Als Module gibt Hank (*1991*) die von ihm als sinnvoll erkannten Blöcke einer Montagelinie an:

- Transfersystem,
- Werkstückträger,
- Montagezelle,
- Teilebereitstellung und
- Bearbeitungssysteme.

Die meisten anderen Anbieter haben ihre Module als komplette, autonom arbeitsfähige Zellen konzipiert. Diese besitzen einen eigenen Materialflußbereich und eine eigene Steuerung, so daß sie individuell als Elemente an bestehende Strukturen angeschlossen und aus diesen herausgenommen werden können. Unterstützend hilft bei den Austauschvorgängen die Gestaltung der Verbindungsstellen als Standardschnittstellen (*Kleinklaus 1989*). Nachteilig wirkt sich allerdings für die Wirtschaftlichkeit dieser Systeme aus, daß die jeweils nicht benötigten Module produktspezifisch ausgerüstet und damit nicht flexibel weiterverwendungsfähig sind. Die dadurch entstehenden Stillstandszeiten für die aufgrund ihrer eigenständigen Funktionsfähigkeit relativ teuren Module machen eine tatsächlich flexible Nutzung häufig unwirtschaftlich.

Die Nutzung solcher Anlagen ist in den Firmen deshalb zumeist auch starr für große Serien, bei welchen sich eine Nutzung der systemimmanenten Flexibilität auf die Änderung von Montageparametern, wie beispielsweise die Veränderung von Preßkräften, beschränkt. Bei einem starren Einsatz existieren, wie in der Praxis erkennbar, vielfache wirtschaftliche Nutzungsmöglichkeiten, so daß die Systeme in diesem Bereich, nicht aber für einen flexiblen Einsatz und damit als Lösung entsprechend der Zielrichtung dieser Arbeit sinnvoll sind.

Neben den Doppelgurtförderbändern, die besonders für den Bereich der 'Kleingerätemontage' eingesetzt werden, existieren noch weitere Formen, den Materialfluß zwischen mehreren Arbeitsstationen zu gestalten. Hierzu gehören beispielsweise Einschienenhängebahnen (EHB) oder fahrerlose Transportsysteme (FTS). Von der Nutzung her verhalten sich diese allerdings ähnlich den Doppelgurtförderbändern, so daß auch deren Einsatz zumeist starr für eingegrenzte Aufgabenstellungen ist.

2.2.2 Montagesysteme mit Rundtakttischen

Eine andere Gruppe von Montagesystemen, die als flexibel und teilautomatisierbar angeboten werden, stellen die Rundtakttische und ähnlich funktionierende Systeme dar (*Lotter & Schilling 1992*).

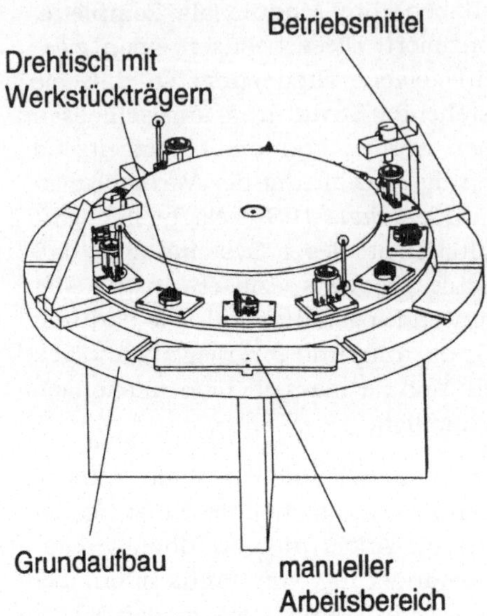

Bild 2.3: ***Beispiel eines Rundtaktmontagetisches***

Bei ihnen sind auf eine angetriebene Drehscheibe mehrere Werkstückträger zur Aufnahme der Bauteile montiert (Bild 2.3). Durch ein Weitertakten der Drehscheibe kann - nachdem ein Montageschritt an einem Werkstückträger vollendet ist - die Montage am nächsten Werkstückträger fortgesetzt werden. Parallel zur manuellen Bestückung der Werkstückträger können an der Rückseite des Arbeitsplatzes mittels zusätzlicher Einrichtungen Montagevorgänge automatisiert durchgeführt werden. Der wesentliche Vorteil dieser Technologie liegt im Übergang von stückweiser zu verrichtungsweiser Montage, da der Mitarbeiter beispielsweise für einen Schraubvorgang nur einmal ein Werkzeug in die Hand nimmt und nacheinander bei allen aufliegenden Werkstücken den entsprechenden Montageschritt erledigt.

Die Flexibilität dieser Systeme zeichnet sich durch die mögliche sukzessive Höherautomatisierung über zusätzliches Anbringen von entsprechenden Einrichtungen außerhalb des manuellen Arbeitsbereiches aus.

Der Einsatzbereich dieser Rundtakttische ist jedoch durch gewisse Stückzahl- und Produktkomplexitätsgrenzen limitiert, da eine Koppelung mehrerer solcher Anlagen aneinander nur schwierig zu bewerkstelligen ist. Es wurde deshalb versucht, das Prinzip des Rundtakttisches, die verrichtungsweise Montage, zu übernehmen und neue Formen der Gestaltung zu wählen, um eine Verbindung mehrerer Arbeitsplätze zu erzielen. Lotter (*1988*) beschreibt eine

Anlage, in der die Drehscheibe des Rundtakttisches nach einem Arbeitsschritt über ein Doppelgurtförderband zum nächsten Arbeitsplatz befördert und dort mit der Zentrierung der nächsten Rundschalteinheit zur weiteren Montage ausgehoben wird. Stoll (*1993*) stellt ein System vor, bei dem über mehrere zusammengestellte Drehscheiben automatisch umlaufende Werkstückträger nacheinander die einzelnen Arbeitsplätze anfahren. Das Übergabeprinzip bedingt allerdings, daß ein Werkstückträger nicht mehrmals während eines Gesamtumlaufes an einen Arbeitsplatz gelangen kann, so daß eine Nutzung unter dem verrichtungsweisen Montageprinzip nur eingeschränkt möglich ist.

Zusammenfassend kann für die Rundtakttische festgestellt werden, daß diese eine gewisse Flexibilität sowohl für einen steigenden Automatisierungsgrad wie auch für einen Austausch der Produkte aufweisen, jedoch der Anwendungsbereich sehr spezifisch ausgerichtet ist. Die Ausprägung des innerhalb dieser Arbeit zu entwickelnden Systems sollte zwar die Möglichkeit besitzen, auch Rundtakttische zu konfigurieren, da sie in vielen Fällen wirtschaftlich sind. Als Universalsystem für flexible, hybride Montagesysteme sind sie jedoch nicht flexibel genug.

2.2.3 Flexible, hybride Montageanlagen mit Robotern

Prototypenhaft realisiert wurde eine 'flexible, hybride Montageanlage', deren zentrales Element ein SCARA-Roboter mit zusätzlicher Achse ist (*Ericson u. a. 1994*). Diese zusätzliche Achse ermöglicht ein Hin- und Herfahren des gesamten Roboters mit einem Werkstückträger, um an verschiedenen Montagestationen die zu montierenden Einzelteile abzuholen und in den mitfahrenden Werkstückträger einzulegen. Der Werkstückträger kann mittels eines Paternosters an einen manuellen Arbeitsplatz ausgelagert werden, wodurch das System zu einer hybriden Anlage wird. Die Flexibilität wird sichergestellt durch die individuelle Programmierung des produktneutralen Roboters und die Möglichkeits des Wechsels der Teilebereitstellung. Die Anlage kann allerdings nur mit einem bereits sehr hohen minimalen Automatisierungsgrad betrieben werden, da nur ein manueller Arbeitsplatz direkt mit einer Roboterzelle verknüpft ist.

In anderen Arbeiten sind ähnliche Formen der Flexibilisierung durch Aufteilung der Betriebsmittel in ortsfeste produktneutrale Anteile und wechselbare spezifische Einrichtungen, wie die Teilebereitstellung bekannt. Allerdings handelt es sich hierbei um rein vollautomatische Anlagen - (*Rockland 1995*; *Schmidt 1992*; *Schweizer u. a. 1993*; *Seliger u. a. 1987*).

Damit stellen auch diese Systeme keine befriedigende Basis für die Gestaltung von wirtschaftlich optimal auslegbaren flexiblen Montagesystemen dar.

2.2.4 Flexibel nutzbare Werkbänke

Dem Grundgedanken folgend, daß die einfache, manuell bediente Werkbank das flexibelste Betriebsmittel in der Montage darstellt, werden auch Arbeitsplätze, die mit mechanisierten Werkzeugen ausgerüstet sind, als 'flexible hybride Arbeitsplätze' angeboten (*Scherff 1990b*). Genau genommen handelt es sich allerdings nur dann um hybride Arbeitsplätze, wenn einzelne Arbeitsschritte nicht nur mechanisiert, sondern auch teilautomatisiert sind.

Bild 2.4: Arbeitstisch für die manuelle oder hybride Montage

In der Forschung wird bei einem Hersteller solcher Arbeitsplätze die Idee der flexiblen Nutzung von an sich neutralen Werkbänken weitergeführt, indem ganze Module - hier in Form der Tischplatte - gewechselt werden, um schnellstmöglich Umrüstmaßnahmen durchzuführen (*Leisner 1993*).

Um einen Ausbau der Automatisierung vorzunehmen oder um größere Arbeitsumfänge bewältigen zu können, wird im Fall dieser Arbeitsplätze die Erweiterung des Systems mit einem Doppelgurtförderband als Lösung angegeben.

2.2.5 Linearachsen als Systembestandteile

Auch die Anbieter von NC-gesteuerten Linearachsen beschreiben ihre Produkte als flexible Systembestandteile, da mit Hilfe solcher Achsmodule ein individuell an einen Automatisierungsgrad anpaßbares Montagebetriebsmittel oder Handlingsgerät zusammengestellt werden kann. Durch deren Modularität soll auch gewährleistet sein, daß im Falle einer Umstrukturierung die eingesetzten Bausteine weiterverwendet werden können (*Laukenmann 1991; Schulz 1993*). Bei den hier besprochenen Linearachsen handelt es sich jedoch ausschließlich um Bausteine, die die Entwicklung der Montagetechnik hin zu tatsächlich flexibel einsetzbaren Arbeitssystemen unterstützen können, und nicht um komplette Montagesysteme.

2.2.6 Bewertung der vorgestellten Montagesysteme

Mit den beschriebenen Systemen lassen sich prinzipiell alle wesentlichen Ausprägungsformen von Montagesystemen - beginnend beim manuellen Einzelarbeitsplatz bis zur vollautomatischen Montagelinie - entwickeln. Wie in den einzelnen Beschreibungen jedoch bereits dargelegt, existiert kein System, das für alle Ausprägungsformen sinnvoll eingesetzt werden kann (Bild 2.5). Einzig der Rundtakttisch läßt prinzipiell eine universelle Verwendung zu, allerdings bleibt er einerseits einem begrenzten Produktspektrum vorbehalten. Auf der

Nutzbarkeit als / System entsprechend Kapitel:	System mit integr. Materialfluß	Rundtakttische	Flexibe, hybride Anlagen mit Robotern	Flexibel nutzbare Wekbänke
manuelles Montagesystem	●	●	○	●
hybrides Montagesystem mit einem Arbeitsplatz	○	●	○	●
hybrides Montagesystem mit hybriden Arbeitsplätzen	●	◐	○	◐
hybrides Montagesystem mit man. oder autom. Arbeitsplätzen	●	◐	●	○
vollautom. Montagesystem	●	●	●	○

● geeignet

◐ bedingt geeignet

○ nicht geeignet

Bild 2.5: Anwendbarkeit der untersuchten Systeme in den einzelnen Systemklassen

anderen Seite zeigt die Praxis, daß dieser nur in einem begrenzten Anwendungsbereich und selten bei flexibler Nutzung wirtschaftlich ist.

Auch die Doppelgurtförderbänder decken einen weiten Bereich der Strukturformen ab. Sie sind in der Praxis jedoch den größeren Serien vorbehalten und lassen dort eine rationelle, teilautomatisierte Montage zu.

Für das hier besonders betrachtete Feld der kleineren und mittleren Serien werden in der Praxis allerdings nur in wenigen Fällen Rundtakttische oder zumeist mit mechanisierten Werkzeugen ausgerüstete Werkbänke eingesetzt. Beide können nur sehr begrenzt flexibel ausgelegt werden. In diesem Bereich, der heute einen hohen Anteil an manuell durchgeführten Tätigkeiten aufweist, sollen die Untersuchungen zur Rationalisierung der Montage durch flexible Systeme einen Beitrag leisten.

2.3 Bekannte Strukturierungen von Montagesystemen

Für die Entwicklung von flexiblen, hybriden Montagesystemen müssen sowohl die wirtschaftlichen als auch die technischen Anforderungen berücksichtigt werden. Während die wirtschaftliche Untersuchung ein bisher nicht berücksichtigtes Gebiet ist, existieren im Bereich der Technik bereits einige Ansätze der Strukturierung von Montagesystemen. Aus solchen Strukturierungen kann im weiteren die passende Definition der Systembestandteile erfolgen.

Einen sehr abstrakten Ansatz der Strukturierung wählt Schmidt (*1992*). Er unterteilt die Montagesysteme hierarchisch in fünf strukturelle Ebenen. Dabei wird auf der Prozeßebene begonnen. Über mehrere Stufen werden die Funktionalitäten und die dafür notwendigen Einrichtungen immer weiter zusammengefaßt bis hin zu einer kompletten Montageanlage. Diese ist aus mindestens einer unabhängig von den weiteren Einheiten der Anlage arbeitsfähigen Montagezelle aufgebaut (Bild 2.6).

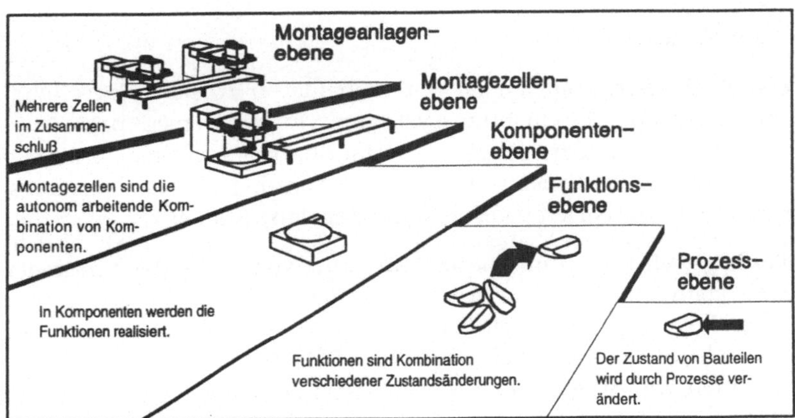

Bild 2.6: Strukturierung automatischer Montagesysteme nach Schmidt (1992, S. 11)

Auf der Komponentenebene betrachtet Schmidt detaillierter verschiedene Elemente, stellt sie beispielhaft unter einem Oberbegriff zusammen und überprüft deren Einsatzhäufigkeit. Oberbegriffe für einzelne Montagekomponenten sind beispielsweise Magazine, Handhabungsgeräte, Bewegungseinrichtungen und Greif- sowie Spannvorrichtungen. Die erwähnten Komponenten wurden in allen 80 von ihm untersuchten Montagesystemen gefunden, während weitere Komponenten wie Prüfeinrichtungen oder Bunker bzw. Ordnungsgeräte nur in etwa 50 % der analysierten Anlagen verwendet werden. Die Einteilung von Schmidt eignet sich allerdings nicht für die Entwicklung eines flexiblen Montagesystems, da die Komponentengruppen zwar eine Anzahl von Systembestandteilen umfassen, sie jedoch nur beispielhaft angegeben sind und keinen Anspruch auf Vollständigkeit sowie auf eindeutige Strukturierung erheben.

Eine andere Strukturierung stellt auch im Bereich der Komponentenebene Hesse (*1993*) vor, der eine Aufteilung der Montagesysteme und deren Komponenten gemäß den Teilfunktionen der Montage

- Bereitstellen,
- Handhaben,
- Fügen und
- Kontrollieren

vorschlägt. Dementsprechend unterscheidet er zwischen Bereitstellungssystemen, Handhabungssystemen, Fügesystemen und Kontrollsystemen. In der Gruppe der Handhabungssysteme sind beispielsweise die Elemente Greifer, Vorrichtungen, Handhabungsgeräte und Industrieroboter zusammengefaßt (Bild 2.7).

Allerdings wird auch mit dieser Aufteilung von Systembestandteilen keine komplette Strukturierung vorgenommen, da die benannten Bestandteile nur einen Teil der zu einer Arbeitssystemkonfiguration notwendigen Komponenten umfassen. Beispielsweise fehlen Grundaufbauten wie Arbeitstische oder Lastständе. Auch die Bestandteile eines manuellen oder teilautomatisierten Systems - etwa Schrauber oder Pressen - sind nicht vollständig und eindeutig in die Struktur integriert. Vielfach sind unzertrennbare Einrichtungen Kombinationen von Elementen aus den verschiedenen Gruppen.

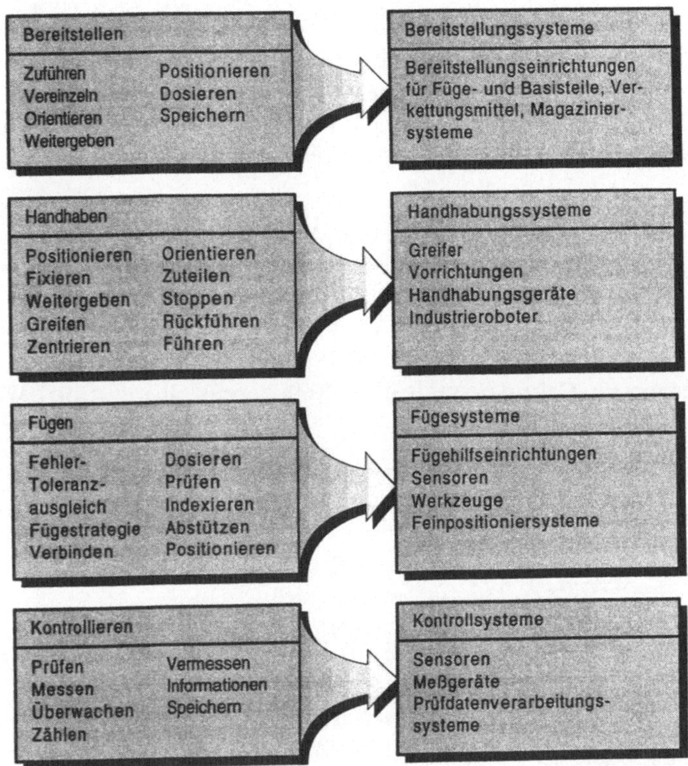

Bild 2.7: Strukturierung der Montagesystembestandteile nach Hesse (1993)

Für den Bereich der Montageautomaten existiert eine weitere Aufgliederung von Richter u. a. (*1978*), wonach ein Baukastenmontagesystem neben Grundeinheiten aus folgenden Geräten besteht:

- Fördereinheiten,
- Antriebseinheiten,
- Zubringeeinheiten,
- Arbeitseinheiten,
- Kontrolleinheiten und
- Steuereinheiten.

Diese Strukturierung ist ebenso wie die von Hesse auf die Funktionalität der jeweiligen Komponenten ausgerichtet. Sie gibt wenig Aufschluß über deren verschiedene Bauformen und ist damit gleichermaßen unvollständig, speziell wenn die gesamte Spannbreite der Automatisierungsstufen betrachtet werden soll.

Den Anspruch einer vollständigen Erfassung erheben Konold u. a. (*1977*) bei der Strukturierung der Montagesysteme für den von ihnen aufgestellten Systemelementekatalog. Sie erklären dabei, daß ein Arbeitssystem aus den jeweiligen Elementen der Gruppen 'Arbeitsplatz', 'Verkettungsmittel' und 'Speicher' aufgebaut werden kann. Der Arbeitsplatz selbst wird dabei noch unterteilt in die Untergruppen 'Grundausstattung', 'Teilebereitstellung' und 'Werkstückaufnahme' (Bild 2.8).

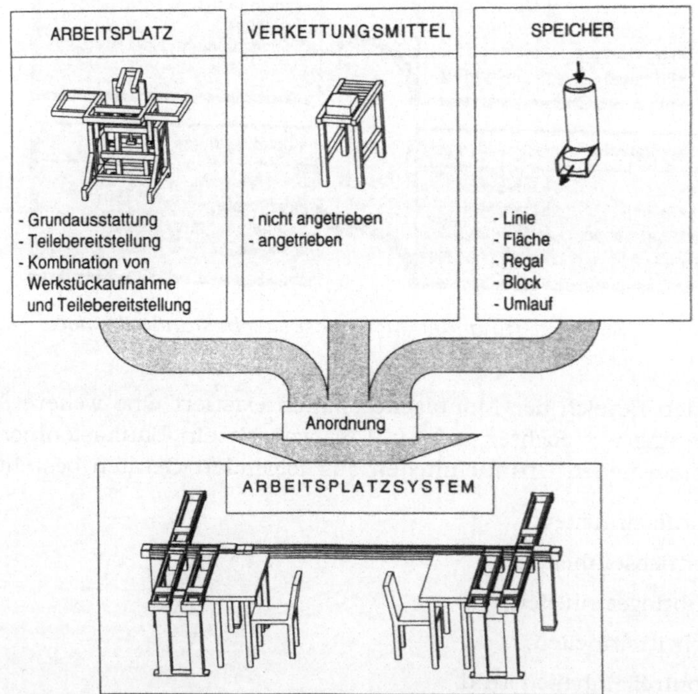

Bild 2.8: Bestandteile eines Montagesystems nach Konold u. a. (1977)

Die Zielsetzung der Strukturierung von Montagesystemen innerhalb der vorliegenden Arbeit ist der Versuch, für den Bereich der hybriden Systeme eine umfassende Zusammensetzungssystematik für alle vorstellbaren Konfigurationen dieser Arbeitssystemkategorie zu erzielen. Einzig die Strukturierung von Konold u. a. genügt diesen beiden Anforderungen und soll daher als Basis für die eigenen Untersuchungen in Kapitel 6 verwendet werden.

2.4 Möglichkeiten der Flexibilisierung

In der zweiten Analyse von bekannten Methoden anderer Autoren als Grundlage für diese Arbeit sollen die Möglichkeiten untersucht werden, mit welchen eine Flexibilisierung von hybriden Montagesystemen erreicht werden kann. Aus der Diskussion ihrer Vor- und Nachteile läßt sich die geeignetste Lösung für die eigenen Entwicklungen ableiten.

Bereits in der Einführung wurden verschiedene Arten und Definitionen von Flexibilität vorgestellt. Die dort angesprochenen Flexibilitätsformen bezeichnen die Fähigkeiten eines Systems, auf einen oder mehrere veränderte Parameter zu reagieren. In diesem Abschnitt sollen dagegen die Möglichkeiten erarbeitet werden, mittels welcher eine Flexibilisierung der Systeme erreicht werden kann.

Schmidt (*1992*) definiert in diesem Zusammenhang mit der Unterscheidung von 'interner' und 'externer' Flexibilität bei Montagesystemen zwei Vorgehensweisen (Bild 2.9).

Unter der 'externen Flexibilität' wird verstanden, daß die Arbeitssysteme bei einer Veränderung der Produktionsbedingungen durch den Austausch der auf eine Montageaufgabe ausgerichteten Bestandteile umkonfiguriert werden. Eine solche Austauschmöglichkeit erfordert standardisierte Schnittstellen und eine streng modulare Systemstruktur, um auch noch nicht bekannte Systemkonfigurationen durch Komponentenwechsel zukünftig realisieren zu können. Vielfach wird das Prinzip der Austauschmöglichkeit von Systemelementen für die Arbeitsplatzrüstung als Baukastensystem bezeichnet.

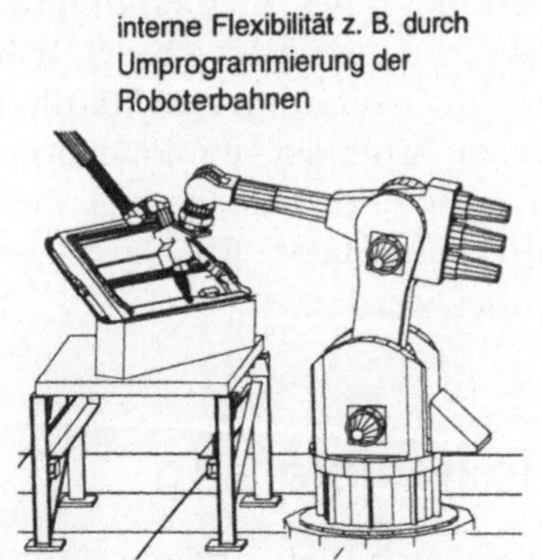

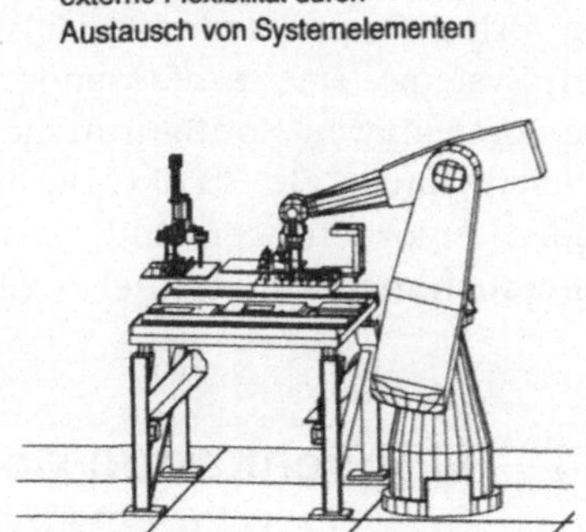

Bild 2.9: Unterscheidung von interner und externer Flexibilität nach Schmidt (1992)

'Interne Flexibilität' bedeutet dagegen, daß ein Montagesystem ohne Veränderung der Systemkonfiguration über die Systemgrenzen hinweg auf eine andere Aufgabe eingestellt werden kann. Lediglich durch Umprogrammierung soll sich das intern flexible System anpassen lassen. Dies setzt allerdings voraus, daß die Bestandteile eines solchen Arbeitsplatzes bereits auf die möglichen Veränderungen des Arbeitsablaufes vorbereitet sind.

Eine weitergehende Unterteilung wählt Willy (*1994*) für den Bereich der Vorrichtungen, indem er neben den 'Baukastenvorrichtungen' die oben als 'intern flexibel' bezeichneten Systeme in die Sparten der Gruppenvorrichtungen und der flexiblen Vorrichtungen einteilt. Gruppenvorrichtungen werden bereits bei der Konstruktion für die Aufnahme einer Gruppe von verschiedenen Werkstücken eingerichtet; die flexiblen Vorrichtungen lassen sich über Stellelemente oder andere Anpaßmedien auf die Aufgabe einstellen.

Im wesentlichen lassen sich die drei bei Willy definierten Flexibilisierungsformen

- konstruktiv vorgesehene Mehrfachverwendung,
- automatische Adaption durch Stell- oder anpassungsfähige Elemente und
- Entwicklung eines Baukastensystems

auch bei weiteren Untersuchungen finden, die sich vorrangig mit den Bereichen des Vorrichtungsbaus sowie der Greiferentwicklung beschäftigen. Bild 2.10 zeigt dazu eine Zusammenstellung der Definitionen in den verschiedenen Arbeiten.

Flexibilisierungsform / Autor	Konstruktiv vorgesehene Mehrfachverwendung	Automatische Adaption aktiv/ passiv	Entwicklung eines Baukastensystems
Schmidt 1992	interne Flexibilität		externe Flexibilität
Feldmann 1993b	'Multifunktions-greifer'	'Flexibler Greifer'	'Greifer-wechselsystem'
Willy 1994	'Gruppen-vorrichtung'	'Flexible Vorrichtung'	'Baukasten-vorrichtung'
Severin 1987	'Wechsel' (Mehrfachgreifer)	'Adaption' (verformbare Greifer)	'Austausch' (Greifeinsätze)
Richter 1994	"Mehrfachanordnung von Komponenten'	'Anpassen von Komponenten'	'Austauschen von Komponenten'
Buchholz 1989	'Sonder-vorrichtung'	—	'Baukasten-/modulare Vorrichtung'
Frankenhauser 1989	'Schwenk-greifer'	'Flexible Greiferbacken'	'Greiferwechsel' 'Greiferbackenwechsel'

Bild 2.10: Zusammenstellung von Arbeiten zum Thema Flexibilisierungsmöglichkeiten

Die drei Flexibilisierungsformen sollen im folgenden weiter diskutiert werden.

2.4.1 Konstruktiv vorgesehene Mehrfachverwendung

Im Bereich der Vorrichtungsentwicklung zur Werkstückaufnahme sind häufig Systeme gefordert, die verschiedene Varianten eines Produkts oder unterschiedliche Produkte aufnehmen können. Diese Randbedingung läßt sich auch auf andere Bereiche übertragen wie beispielsweise die Entwicklung von Robotergreifern. In Bild 2.11 ist als Beispiel ein Multifunktionsgreifer dargestellt, mit dem mehrere Bauteile eines Pneumatikventils gegriffen werden können. Weiterhin können z. B. 'Universal'-Handwerkzeuge, wie eine Abisolierzange, mit der verschiedene Kabeldurchmesser bearbeitet werden können, dieser Sparte zugerechnet werden.

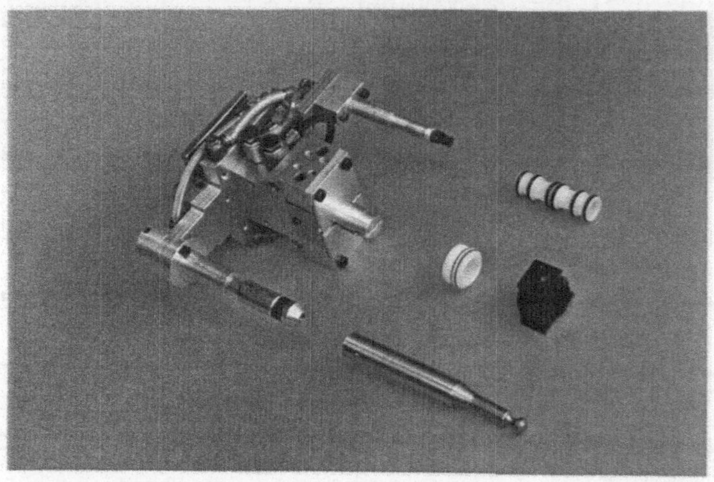

Bild 2.11: Multifunktionsgreifer zur Aufnahme und Verarbeitung verschiedener Bauteile

Entsprechend der Definition dieser Flexibilisierungsform sind die jeweiligen Randbedingungen für die flexible Nutzung als Anforderungen bei Beginn der Konstruktion des Betriebsmittels bereits bekannt. Die erreichbare Flexibilität bezieht sich auf die zu diesem Zeitpunkt bekannten oder geplanten Aufgabenstellungen.

Für die Auslegung eines Montagesystems, bei der das darauf zu montierende Produktspektrum für die gesamte Nutzungszeit bekannt ist, kann diese Form der Gestaltung wirtschaftlich günstig sein, da keine aufwendigen Umrüstmöglichkeiten geschaffen werden müssen.

Sofern es sich allerdings nicht um sehr einfache Systeme handelt oder um Systeme, deren Anforderungsprofile durch die verschiedenen Produkte eine geringe Überdeckung besitzen, ist ersichtlich, daß der Aufwand für die Realisierung sehr hoch wird. Dabei werden schnell Größenordnungen erreicht, die in den meisten Fällen die möglichen Rationalisierungspotentiale durch Flexibilisierung zunichte macht.

Diese Technologie kann also nur in einem relativ engen Bereich wirtschaftlich umgesetzt werden.

2.4.2 Adaption durch Stell- oder anpassungsfähige Elemente

Diese Form der flexiblen Gestaltung von Betriebsmitteln zeichnet sich dadurch aus, daß bei ihr, gegenüber den konstruktiv mehrfachverwendbaren Betriebsmitteln, die Einrichtungen durch Veränderung ihrer Gestalt angepaßt werden. Der Nachteil des vorher genannten hohen Aufwands für die Konstruktion der Systemelemente kann damit reduziert werden.

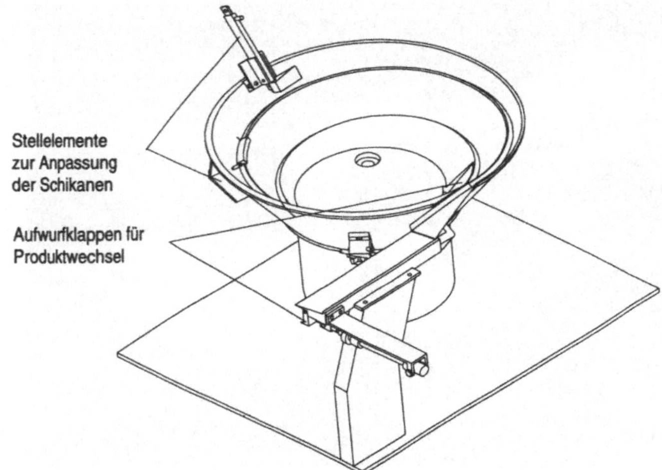

Bild 2.12: Auf verschiedene Bauteile einstellbarer Vibrationswendelförderer

Zur Anpassung von Betriebsmitteln ohne Austausch von Bestandteilen des Betriebsmittels lassen sich die aktive und die passive Veränderungen unterscheiden. Die aktive Anpassung erfolgt durch angetriebene Stellelemente wie Pneumatikzylinder oder Motoren, kann aber auch manuell durchgeführt werden. Als Beispiel kann hier ein Vibrationswendelförderer dienen, der durch die Verstelleinrichtungen an verschiedene Einzelteile angepaßt werden kann (Bild 2.12). Dabei ist die Funktion des Betriebsmittels auf die Sortierung und Vereinzelung von Bauteilen festgelegt, jedoch können gegenüber starr eingerichteten Fördertöpfen Bauteile mit verschiedenen Geometrien bereitgestellt werden.

Der Grad der Flexibilität (hier die Flexibilität bezüglich der Bauteilgeometrie) hängt von den Einstellzuständen der Pneumatikzylinder an den Schikanen ab. Solange die Bauteilanforderungen an die Schikanenausprägung und -position mit den angebotenen Einrichtungen erfüllt werden, ist eine sehr schnelle Umrüstung möglich.

Die passive Anpassung wird durch nachgiebige oder auch kompliente Systeme erreicht. Speziell bei Werkstückvorrichtungen oder Greifern sind solche Lösungen bekannt. Bild 2.13 zeigt einen Greifer

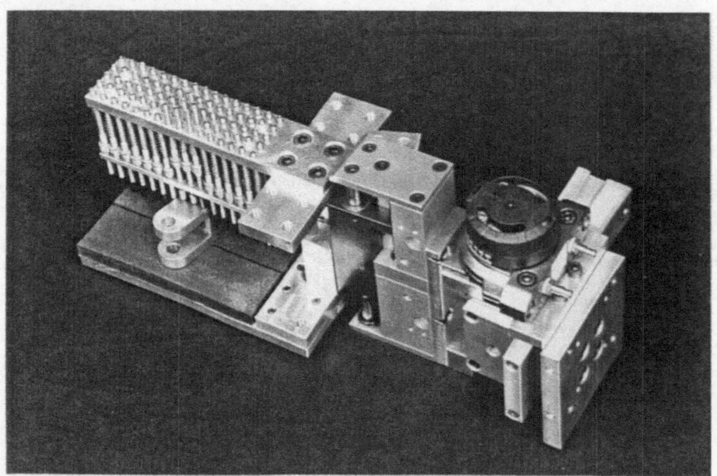

Bild 2.13: Greifer für geometrisch verschiedene Bauteile mit anpassungsfähigem Greiferbacken

mit einem festen Anschlag auf der einen Seite und individuell federgespannten Nadeln in einem Nadelkissen auf der anderen. In Abhängigkeit vom zu greifenden Teil oder der Greifposition läßt sich damit in einem vorgegebenen Bereich eine individuelle Greiferbackenform einstellen.

Für komplette Montagewerkzeuge hat Kugelmann (*1993*) unter dem Stichwort 'Kompliente Systeme' mehrere Lösungen erarbeitet, die jeweils die flexible Nutzung des Werkzeugs für ein abgegrenztes Spektrum erlauben.

Die Flexibilität dieser Technologie ist wie bei den konstruktiv auf Mehrfachverwendung ausgelegten Betriebsmitteln dadurch begrenzt, daß bereits bei der Entwicklung der Flexibilitätsbereich festgelegt werden muß. Erst die dritte Flexibilisierungsform, nämlich die Anwendung von Baukastensystemen, erweitert diese Grenzen.

2.4.3 Baukastensysteme

Betriebsmittel, die mit Hilfe eines Baukastensystems entwickelt werden, bestehen aus einzelnen Modulen oder Systemelementen, die in Abhängigkeit von der Montageaufgabe zusammengestellt werden. Die Funktionalität der Einrichtungen ergibt sich erst aus der Kombination der Fähigkeiten der jeweiligen Module.

Typische Beispiele für Baukasten-Montagesysteme sind Kombinationen von pneumatisch oder elektrisch betriebenen Linearachsen, die beispielsweise für Pick-&-Place-Operationen eingesetzt werden (Bild 2.14). Die einzelnen Module sind einfache Funktionsträger und stellen beispielsweise eine Bewegungsmöglichkeit in einer definierten Länge zur Verfügung. Dadurch, daß die Spezialisierung eines Betriebsmittels für eine Aufgabenstellung erst durch die Kombination der Module erfolgt, sind die Module im uneingebauten Zustand individuell zur Nutzung für alle Aufgabenstellungen geeignet, die die Funktionalität des Moduls erfordern.

Für die Flexibilität des Arbeitssystems bedeutet dies, daß bei Existenz eines Baukastens, der über weitgehend standardisierte und

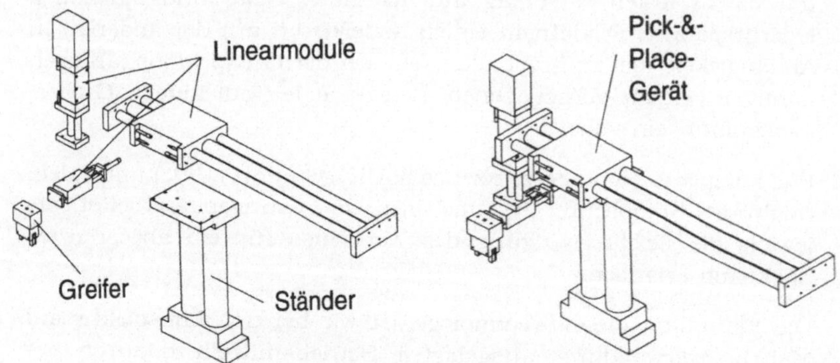

Bild 2.14: Linearachsensystem nach dem Baukastenprinzip

mit hoher Wahrscheinlichkeit wiederverwendbare Module verfügt, durch Um- oder Neukonfiguration der Module für jede Montageaufgabe und deren Randbedingungen ein System zusammengestellt werden kann. Dies gilt einerseits für die bereits zu Beginn der Entwicklung bekannten Aufgabenstellungen und andererseits auch für zukünftige. Eventuell sind dabei neben den existierenden und zu übernehmenden Systemelementen weitere, bis dahin nicht realisierte Module zu bauen, die entsprechend dem Baukastensystem zu gestalten sind. Ziel der Entwicklung muß sein, einen möglichst großen Anteil der Baukastenmodule neutral zu halten, um bei einem Aufgabenwechsel nur in geringem Umfang zusätzliche und aufgabenspezifische Einrichtungen entwickeln zu müssen.

Wie bereits zu Beginn des Abschnitts erwähnt, erfordert die Konfiguration von Betriebsmitteln aus Baukastenelementen hierfür eine klare hierarchische Strukturierung der möglichen Einrichtungen und eine geeignete Auswahl von Standardschnittstellen. Nur so läßt sich sicherstellen, daß für den definierten Anwendungsbereich alle sinnvollen Gestaltungsvarianten realisiert werden können.

Zur Sicherstellung der Entwicklungsfähigkeit der Montagesysteme in der Zukunft kann von den vorgestellten Flexibilisierungsformen nur das Baukastensystem sinnvoll übernommen werden. Daher wird bei der Systementwicklung in Kapitel 6 auf diesem Ansatz aufgebaut.

2.5 Zusammenfassung

Die Rationalisierung der Montage stellt ein bedeutendes Thema in der produzierenden Industrie dar. An verschiedenen Stellen wurden von anderer Seite Ansätze erarbeitet, wie Rationalisierungsmaßnahmen durchgeführt werden können. Die Möglichkeit, über die Flexibilisierung von hybriden Arbeitsplätzen Einsparungspotentiale freizusetzen, wurde dabei allerdings nicht näher untersucht. Aus anderen Zusammenhängen heraus werden jedoch bereits jetzt in der Industrie flexible Montagesysteme gefordert, weshalb viele Systemanbieter mit dem Begriff 'Flexibilität' werben. Bei näherer Betrachtung der angebotenen Lösungen zeigt sich allerdings, daß auch hier bisher keine zufriedenstellenden und auf eine Forderung der Flexibilisierung zur Kosteneinsparung abgestimmten Systeme verfügbar sind. Daher ist sowohl die Bearbeitung des formulierten Rationalisierungsansatzes wie auch eine entsprechende Systementwicklung innerhalb dieser Arbeit notwendig.

Im Bereich der Strukturierungen sind bereits mehrere Ergebnisse bekannt, weshalb im Kapitel 6 auf die Strukturierung nach Konold u. a. aufgebaut werden soll. Diese wird dort weiter detailliert und für die Ableitung von technischen Anforderungen verwendet. Die Aufarbeitung der Flexibilisierungsformen zeigt, daß hier an verschiedenen Stellen die jeweiligen Möglichkeiten besprochen werden, so daß von einer Vollständigkeit der Lösungen ausgegangen werden kann. Die Entwicklung eines Baukastensystems stellt sich für diese Arbeit als die geeignetste Alternative dar.

3 Rationalisierungspotentiale durch Flexibilisierung

3.1 Zielsetzung

Die zentrale Absicht dieser Arbeit ist die Untersuchung der Möglichkeiten, hybride Montagearbeitssysteme durch Flexibilisierung zu rationalisieren. Dazu sollen innerhalb dieses Kapitels die Ansatzpunkte für eine Kosteneinsparung erarbeitet werden.

Die Montage ist dabei von der Problematik gekennzeichnet, daß zahlreiche Einflußparameter und Randbedingungen zu berücksichtigen sind. Für jede Planungsaufgabe müssen diese Größen individuell ermittelt und deren Gewichtung festgelegt werden. Diese Tatsache führt dazu, daß keine allgemeingültigen Aussagen über die Wirtschaftlichkeit einer Lösung gemacht werden können, da schon bei geringen Änderungen in der Aufgabenstellung die Ergebnisse stark von den zuvor ermittelten abweichen können.

Dieses Kapitel soll daher angeben, welche Kosten überhaupt zu berücksichtigen sind und wie sie sich durch eine Flexibilisierung beeinflussen lassen, wobei dies unabhängig von einer spezifischen Flexibilitätsart erfolgen soll.

Aus der Ermittlung der Einsparungsmöglichkeiten und der damit verbundenen Fixierung der Zielrichtungen einer Flexibilisierung kann im folgenden erarbeitet werden, welche Flexibilitätsanforderungen tatsächlich für eine solche Kostensenkung ausschlaggebend sind.

3.2 Kostenrechnungsmodell für ein Montagesystem

Im Sinne einer ganzheitlichen Betrachtung des gesamten Produktentstehungsprozesses müssen theoretisch alle tangierten Bereiche in die Rechnung aufgenommen werden. Dazu gehören beispielsweise die Konstruktion, die Montageplanung, die Montage selbst, die Fertigung, der Einkauf und die Logistik. In vielen Fällen lassen sich allerdings die Auswirkungen einer Änderung in einem Bereich auf die anderen Bereiche nicht quantifizieren. Vorrangiges Kriterium bei der Beurteilung zu planender Montagesysteme sind daher in der Praxis ihre direkt zurechenbaren Kosten in der Wirtschaftlichkeitsrechnung. Nur als zusätzliche, sogenannte 'schwer quantifizierbare' Größen werden 'Umrüstbarkeit', 'Ergonomie', 'Wiederverwendbarkeit' oder auch ein verringerter Planungsaufwand als weitere Kriterien in der Beurteilung in Form von Vor- oder Nachteilen aufgeführt. Daher soll auch die Ableitung der Rationalisierungspotentiale anhand der Kostenrechnung erfolgen.

Die Aufgabe der Kostenrechnung ist es, den Prozeß der Umwandlung von Gütern abzubilden (*Heinen 1991, S. 1162*), also in diesem Fall modellhaft die Ausprägungen eines Montagesystems reduziert auf dessen Kosten darzustellen. Für eine ganzheitliche Betrachtung der Einsparungspotentiale bietet es sich wiederum prinzipiell an, alle Kosten zu betrachten, die innerhalb einer Periode zur Leistungserstellung anfallen. Die zugehörige Rechnungsmethode wird als Vollkostenrechnung bezeichnet. Heinen unterscheidet dabei vier verschiedene Kostenarten:

- Materialkosten,
- Personalkosten,
- Betriebsmittelkosten und
- sonstige Kosten (*Heinen 1991, S. 1208*).

Bei der Bewertung eines Montagesystems müssen allerdings nur die durch dieses beeinflußten Kosten aufgenommen werden (Differenzkostenrechnung). Es sind dies die Personalkosten, die Betriebsmittelkosten sowie aus dem Bereich der sonstigen Kosten Raum- und Energiekosten und die Kosten für notwendige Hilfsstoffe, die den Materialkosten zuzurechnen sind. Alle weiteren Kosten fallen als unabhängig von der Gestaltung eines Montagesystems zu rechnende Kosten an.

Weiterhin lassen sich die oben abgeleiteten Kosten in fixe und variable Kosten unterteilen. Als überwiegend fixe Kosten werden von den übrigen Kostenarten die kalkulatorische Abschreibung, die kalkulatorischen Zinsen, die Betriebsmittelkosten und die Raumkosten gewertet. Zum Teil können auch Wartungskosten als Fixkosten angesehen werden, da z. B. gewisse Inspektionsarbeiten zyklisch durchzuführen sind. Diese Kosten fallen unabhängig von der Auslastung einer Maschine an und bilden daher bei der Betrachtung des Kostenverlaufs über dem Auslastungsgrad (Bild 3.1) einen festen Kostenblock.

Unter der Voraussetzung, daß Personal, welches an einer Anlage nicht mehr benötigt wird, an anderer Stelle ohne Zusatzkosten weiterbeschäftigt werden kann, werden die direkten Personalkosten zur Durchführung der Montage zu den variablen Kosten gerechnet. Auch die restlichen Instandhaltungs- sowie die Energiekosten und die Aufwendungen für Hilfs- und Betriebsstoffe werden in diese Kostenart aufgenommen. Die variablen Kosten wachsen mit der produzierten Stückzahl konstant, so daß der Kostenverlauf über der Auslastung linear ist.

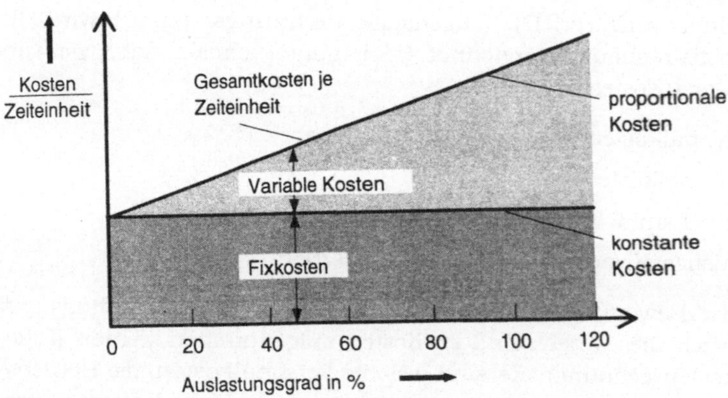

Bild 3.1: Kostenverlauf in Abhängigkeit vom Auslastungsgrad (in Prozent von der üblichen Vollauslastung)

Die Addition der beiden Kosten ergibt die Gesamtkosten, welche nach Möglichkeit reduziert werden sollen. Zur Ableitung der tatsächlichen Rationalisierungsansätze ist im Gegensatz zur obigen

Graphik jedoch eine Betrachtung der Kosten je produziertes Stück interessant. In dieser Darstellung (Bild 3.2) kann man über den gleichbleibenden variablen Kosten den mit zunehmendem Auslastungsgrad reziprok abnehmenden Verlauf der Fixkosten erkennen (*Bronner 1964*).

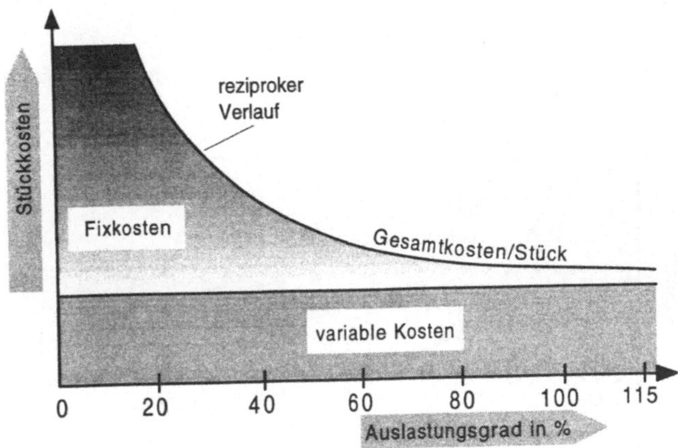

Bild 3.2: Stückkostenverlauf über dem Auslastungsgrad

Anhand dieser Darstellung lassen die Kosteneinsparungspotentiale ableiten.

3.3 Stückkostensenkung durch Flexibilisierung der Betriebsmittel

3.3.1 Prinzipielle Ableitung von Kostensenkungspotentialen

Das Ziel dieses Kapitels liegt in der Aufdeckung von Kostensenkungspotentialen. Anhand des aufgezeichneten Stückkostendiagramms werden die verschiedenen Möglichkeiten diskutiert. Das Montageverfahren wird dabei als vorgegeben angenommen, so daß die Verbesserungen mit den sonstigen Optimierungsmethoden wie

z. B. eine sekundärzeitsparende Arbeitsplatzgestaltung nach Lotter und Schilling (*1994a*), hier nicht berücksichtigt werden.

Im Bild 3.2 lassen sich drei prinzipielle, weitere Wege zur Stückkostensenkung eintragen. Es sind dies:

- Reduzierung der Fixkosten,
- Reduzierung der variablen Stückkosten oder
- Erhöhung der Auslastung des Montagesystems (Bild 3.3).

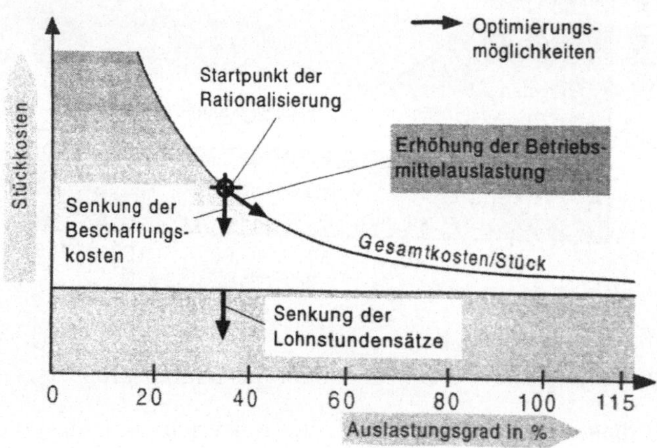

Bild 3.3: Wege zur Senkung der Stückkosten

Eine Reduzierung der Fixkosten bedeutet, daß bei einer Neuinvestition die einzusetzenden Montagebetriebsmittel entweder von der Anschaffung her günstiger oder technologisch anders aufgebaut sein müssen, als dies die bisherigen Betriebsmittel sind. In Einzelfällen läßt sich diese Reduzierung erreichen, wenn beispielsweise wie bei den Steuerungen die Prozessoren immer preiswerter werden oder wenn die Produktionsstückzahl für ein Betriebsmittel so stark anwächst, daß dessen Gestehungskosten deutlich geringer werden. Manchmal läßt sich durch Veränderung der Montagetechnologie ein weniger aufwendiges Betriebsmittel finden, wodurch sich ebenfalls die Fixkosten reduzieren lassen. Dies gilt ohne Einschränkungen allerdings nur bei einer Neuplanung. Soll ein Montagesystem durch ein anderes ersetzt werden, sind zusätzlich die Restwerte der ausgemusterten Gegenstände zu rechnen. Insgesamt stellt dieser Ansatz, abgesehen von Ausnahmen, damit keinen wesentlichen Weg dar, die Stückkosten zu senken.

Auch bei den variablen Kosten lassen sich kaum Einsparungen realisieren. Dieser Kostenblock besteht weitgehend aus den direkten Personalkosten, die sich wiederum aus den manuell durchgeführten Tätigkeiten errechnen. Sind die jeweiligen Montageaufgaben bereits optimiert, würde eine Reduzierung der variablen Kosten eine derzeit kaum vorstellbare Senkung der Lohnsätze bedingen.

Es bleibt lediglich der dritte Weg zur Kostensenkung übrig, nämlich die Erhöhung der Auslastung des Betriebsmittels, bezogen auf die theoretisch mögliche Gesamtnutzungszeit.

3.3.2 Stillstandszeiten als Optimierungsgröße

Die theoretisch mögliche Gesamtnutzungszeit eines Betriebsmittels, also die Zeitdauer von der ersten Inbetriebnahme bis zur Verschrottung, läßt sich aufteilen in die tatsächliche Nutzungszeit und die Zeiten, in welchen ein Betriebsmittel nicht produktiv eingesetzt wird. Die letzteren Zeiten sollen mit dem Begriff 'Stillstandszeiten' beschrieben werden und hier definiert sein als alle Zeiten, in welchen ein Betriebsmittel nicht aktiv eine Operation durchführt.

Zu einer Erhöhung der Auslastung der Betriebsmittel müssen die Stillstandszeiten reduziert werden. Es wäre zwar auch denkbar, die tatsächlichen Nutzungszeiten durch eine Optimierung der Verfahren zu reduzieren; diese machen jedoch - wie im folgenden gezeigt wird - nur einen geringen Anteil der theoretischen Nutzungszeit aus. Die Stillstandszeiten können laut Definition verschiedenste Ausprägungen und Ursachen haben. Sie werden daher detailliert betrachtet.

Gairola (*1985*) und Severin (*1987*) haben für Teilbereiche der Stillstandszeiten bereits Untersuchungen durchgeführt und die von Ihnen erkannten verschiedenen Nutzungszeiten beziehungsweise

Nutzungszeitausfälle für die Betriebsmittel quantifiziert. Von den 365 möglichen Einsatztagen pro Jahr mit 24 Stunden als prinzipiell maximal zur Verfügung stehende Einsatzzeit sind nach Severin nur acht Prozent effektive Hauptnutzungszeit (Bild 3.4).

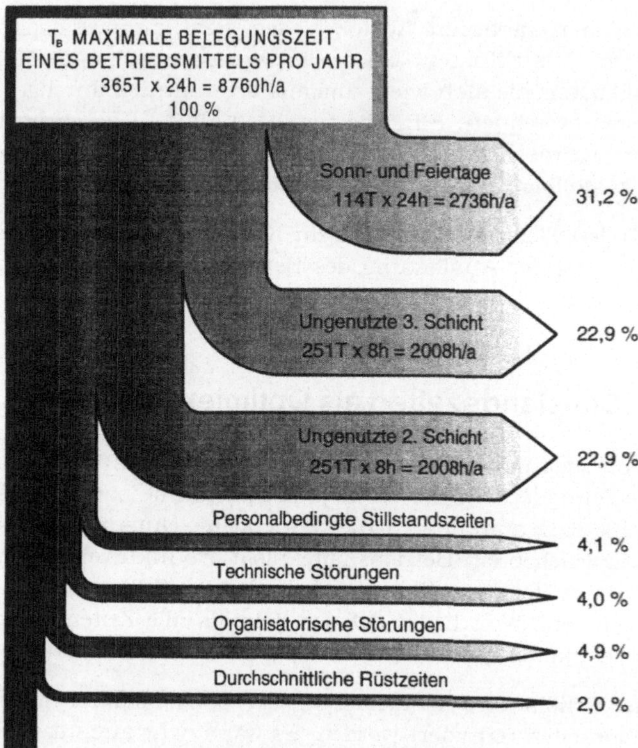

Bild 3.4: *Zuordnung von Werten für verschiedene Arten von Nutzungszeitverlusten nach Severin (1987)*

Ähnliche Ergebnisse bringt auch die Analyse von Gairola, wobei dieser nach Abzug von 10 % 'Ausfallzeit' für technische Störungen etc. eine Hauptnutzungszeit von 10 Prozent ableitet.

Die Untersuchungen von Gairola und Severin stellen jedoch keine komplette Zusammenstellung aller möglichen Stillstandszeiten dar. Dies soll anhand einer Klassifizierung der Betriebsmittelzustände nach REFA (*1978*) untersucht werden.

REFA gibt die drei Hauptformen 'im Einsatz', 'außer Einsatz' sowie 'Betriebsruhe' an (Bild 3.5). Die Einsatzzeit wird weiterhin unterteilt in 'Nutzungszeit' und 'Unterbrechung der Nutzung', wobei, wie im Bild erkennbar ist, noch verschiedene Formen der Nutzung oder Unterbrechung aufgegliedert werden. Der eigentliche produktive Einsatz besteht in der Hauptnutzung. Laut Definition können aber in der zusätzlichen Nutzung in geringem Umfang ungeplante, aber notwendige Tätigkeiten als produktiv angesehen werden.

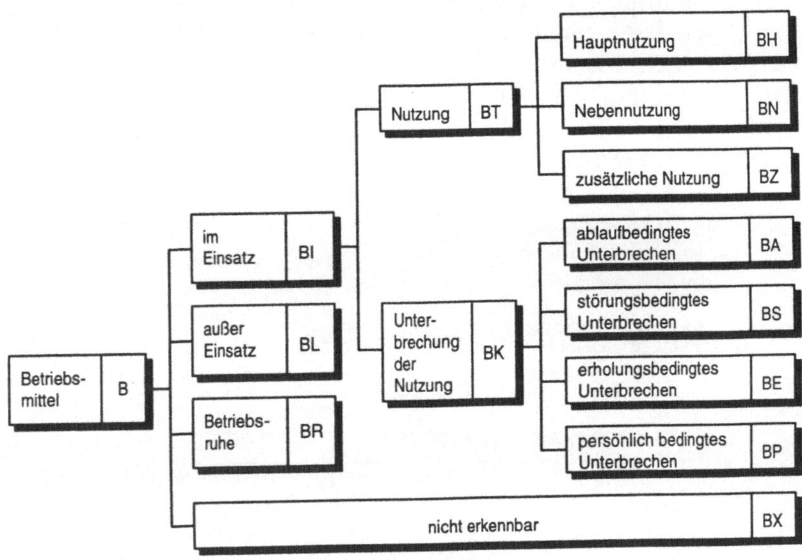

Bild 3.5: Mögliche Betriebsmittelzustände nach REFA (1978)

Mit den bei Severin und Gairola beschriebenen Zeitreduktionen, die für die Nutzungszeitverringerung auf 8 bzw. 10 Prozent verantwortlich sind, werden folgende Betriebsmittelzustände nach REFA erfaßt:

- Zeiten, in denen das Betriebsmittel außer Einsatz ist,
- Zeiten der Betriebsruhe,
- Nebennutzungszeit und Zeiten für zusätzliche Nutzung sowie
- störungsbedingtes und persönlich bedingtes Unterbrechen.

Für weitere, in diesen Untersuchungen nicht betrachtete Zeitverluste sorgen einerseits die Arbeitspausen als 'erholungsbedingtes Unterbrechen' mit ca. 10 % der verbleibenden Hauptnutzungszeit sowie ein individuell möglicher Auftragsmangel. Zusätzlich stellt der Bereich der ablaufbedingten Unterbrechungen eine wesentliche Ursache für zusätzliche Nutzungszeitverluste dar (*Reinhart & Fichtmüller 1994*). Der Einsatz eines Betriebsmittels ist aufgrund des großen Arbeitsinhalts und damit der Anwesenheit mehrerer sequentiell genutzter Betriebsmittel häufig auf einen Bruchteil der Zeit für einen Zyklus beschränkt. Die Betrachtung von Severin ist darüberhinaus nur auf die Periode von einem Jahr ausgelegt, so daß die Stillstandszeit, die nach Ablauf einer Produktgeneration auftritt, wenn das Betriebsmittel trotz längerer Lebensdauer nicht mehr

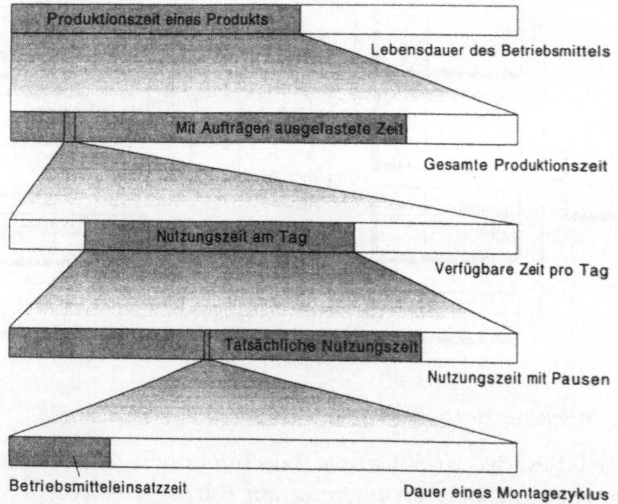

Bild 3.6 Stillstandszeiten eines Betriebsmittel während der möglichen Einsatzzeiten

weiterverwendet werden kann, unberücksichtigt bleibt. In Bild 3.6 sind die Stillstandszeiten zusammengefaßt, die prinzipiell durch einen neuen Ansatz zur Kostenreduzierung verändert werden können. Dort sind nur die innerhalb der vorliegenden Arbeit definierten Stillstandszeiten und die eingeschränkte tägliche Nutzungszeit durch Montage in nur einer Schicht aufgenommen. Die weiteren Klassen sind entweder - wie bei den ungenutzten Sonn- und Feiertagen - zumeist gesetzlich vorgegeben oder nur mit in dieser Arbeit nicht behandelten Maßnahmen veränderbar. Hierzu gehören die personalbedingten Stillstandszeiten oder technische Störungen.

3.3.3 Nutzung von Flexibilität zur Kostensenkung

Zur Rationalisierung der Montage wurde anhand der Kostenrechnung die Reduktion von Stillstandszeiten als operationale Zielsetzung abgeleitet.

Eine Verkürzung der Stillstandszeiten eines Montagesystems führt jedoch ohne weitere Maßnahmen ausschließlich zu einem erhöhten Ausstoß an Produkten. Das bringt bei den heute verwendeten, starren Anlagen eine Produktion oberhalb der Planstückzahl des Systems mit sich. Sofern vom Verkauf nicht eine gegenüber der Planstückzahl höhere Stückzahl angefordert wird, ist die Auslastungserhöhung nur sinnvoll, wenn zusätzlich zu dem ersten Produkt weitere mit denselben Betriebsmitteln montiert werden können, also die Montagesysteme flexibel sind. Damit wird die Flexibilisierung der Betriebsmittel zum Rationalisierungsansatz.

Es sind dazu allerdings verschiedene, aufeinander abgestimmte Maßnahmen im organisatorischen und technischen Bereich notwendig, welche im nächsten Kapitel diskutiert werden sollen. Auf der Basis dieser Ergebnisse werden dann die Anforderungen an die Gestaltung der Montagesysteme für jede betrachtete Form der Stillstandszeitreduzierung erarbeitet.

Eine Erhöhung der Betriebsmittelauslastung bringt neben der direkten Stückkostenreduzierung eine Optimierungsmöglichkeit an den Montagesystemen selbst mit sich. Mit der besseren Auslastung kann ein höherer Automatisierungsgrad mit seinen zusätzlichen Nutzeffekten wie eine Steigerung der Qualität wirtschaftlich werden.

3.4 Abhängigkeit der Stückkosten von der Auslastung und dem Automatisierungsgrad

Die Stückkosten hängen einmal - wie in Bild 3.2 dargestellt - von der Auslastung der Betriebsmittel ab. Als weitere Abhängigkeitsgröße für die Stückkosten konnte bereits in der Einführung in Bild 1.5 der Automatisierungsgrad ermittelt werden. Gemeinsam spannen die beiden zugehörigen Kurvenverläufe idealisiert eine stetige Fläche auf (Bild 3.7) und führen zu einer Darstellung, wie sie in ähnlicher Form auch Pfeiffer (*1989*) vorgestellt hat.

Die qualitativ dargestellte Fläche ist für jeden Anwendungsfall individuell ausgeprägt und abhängig von den Randbedingungen. Im einfachsten Fall werden zur Ermittlung dieser Fläche die Personalkosten und die Investitionskosten für die Automatisierung herangezogen. Je nach Gewichtung können weitere Kosten, wie Raum-, Energie- oder Instandhaltungskosten etc. hinzugenommen werden.

Grundsätzlich ergeben sich die gesamten Stückkosten (K_G) aus der Addition der Personalstückkosten (K_P) und der Investitionen für die Automatisierung bezogen auf ein Stück (K_A).

$$K_G = K_P + K_A$$

Die Personalstückkosten sind als variable Kosten nur abhängig vom Mechanisierungs-/Automatisierungsgrad (X) in Prozent, sofern nicht beispielsweise Zuschläge für Schichtarbeit bei erhöhter Auslastung zu berücksichtigen sind. Die direkten Personalkosten (K_{PD}) nehmen - wie in Bild 1.6 dargestellt ist - definitionsgemäß mit wachsendem Automatisierungsgrad ab. Bei voller Automatisierung verbleibt vielfach noch ein Restbetrag an indirekten Personalkosten (K_{PI}).

$$K_P = K_{PD} \cdot \left(1 - \frac{X}{100}\right) + K_{PI}$$

Der Verlauf der Stückkosten für die Automatisierung (K_A) über dem Mechanisierungs-/Automatisierungsgrad ist dagegen von der jeweiligen Montageaufgabe geprägt. Diese Kurve ($f(K_I,X)$) muß individuell anhand von erarbeiteten Lösungen unterschiedlicher Mechanisierung und Automatisierung und deren notwendigen Investitionen (K_I) ermittelt werden. Die Funktion weist tendenziell mit wachsendem Automatisierungsgrad einen exponentiellen Verlauf auf. Gleichzeitig verteilen sich diese Kosten auf die jeweilige Stückzahl (Y), sodaß sich K_A umgekehrt proportional zur Stückzahl verhält.

$$K_A = \frac{1}{Y} \cdot f(K_I,X) \quad mit\ Y > 0$$

In Bild 3.7 ist ein Beispiel für eine solche Fläche mit ihrem charakteristischen Verlauf dargestellt.

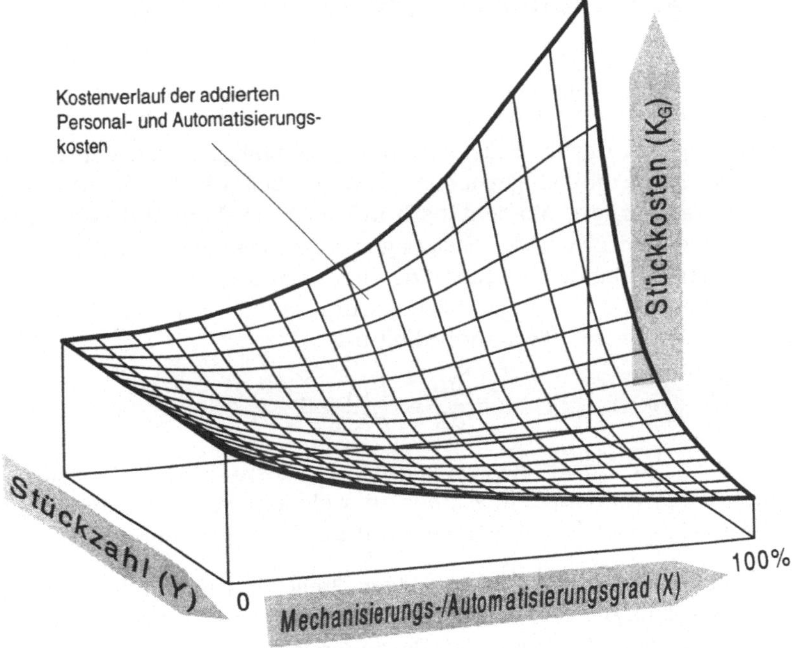

Bild 3.7: Qualitativer Stückkostenverlauf in Abhängigkeit von der Auslastung und dem Mechanisierungs-/Automatisierungsgrad

Vom Aufbau her besitzt diese Darstellung für alle Montagesysteme Gültigkeit. Es kann allerdings sein, daß die Investitionen für die Automatisierung so hoch sind, daß selbst für die maximale Stückzahl die Gesamtkosten bei einem hohen Automatisierungsgrad höher sind als bei einer manuellen Montage.

Die in der Praxis eingesetzten Systeme beweisen jedoch, daß die Stückkosten vielfach bei zumindest teilautomatisierten Systemen minimal sind. Insofern kann die Graphik in Bild 3.7 zur Ableitung des eventuell zusätzlich nutzbaren Kostensenkungspotentials herangezogen werden.

3.5 Kostensenkungspotential durch variablen Automatisierungsgrad

Sofern nicht über den gesamten Bereich der möglichen Stückzahlen eines Montagesystems die rein manuelle Montage das Stückkostenoptimum darstellt, kann in die Stückkostenfläche (Bild 3.7) eine Linie der niedrigsten Stückkosten in Abhängigkeit von der produzierten Stückzahl eingezeichnet werden, bei der der Automatisierungsgrad variiert. Mathematisch läßt sich der Verlauf dieser Kurve durch den Vergleich der Steigungen von Personal- und Automatisierungsstückkosten in Richtung des variablen Automatisierungsgrades ermitteln. Das jeweilige Minimum bei variabler Stückzahl ist erreicht, wenn die Randbedingung

$$\frac{dK_P}{dX} + \frac{dK_A}{dX} = 0$$

erfüllt ist. Je höher die Auslastung ist, desto prinzipiell höher ist auch der Automatisierungsgrad, an welchem das Stückkostenoptimum liegt, da dK_A/dX mit dem Faktor $1/Y$ abnimmt.

Von einem Startpunkt an beliebiger Stelle dieser Linie (Punkt 1 in Bild 3.8) sollen nun - wie im Kapitel 3.3 erörtert - die Auslastung über die Flexibilisierung der Betriebsmittel erhöht und niedrigere Stückkosten erzielt werden. Dieser Weg der Kosteneinsparung kann in der dreidimensionalen Darstellung ebenso eingetragen werden.

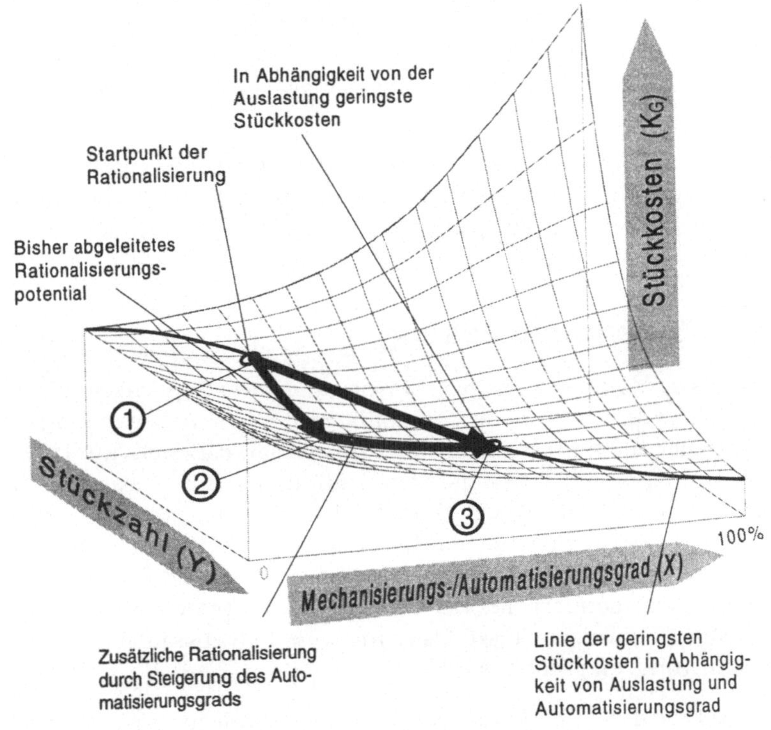

Bild 3.8: *Kostensenkung durch erhöhte Auslastung und einen erhöhten Mechanisierungs-/Automatisierungsgrad*

Am Endpunkt (2) der Linie der reinen Auslastungserhöhung gilt jedoch

$$\frac{dK_P}{dX} + \frac{dK_A}{dX} < 0.$$

Der Betriebspunkt liegt damit unterhalb des bei dieser Auslastung sinnvollen Automatisierungsgrades (Steigung nicht 0). Durch eine höhere Automatisierung lassen sich damit zusätzlich Kosten einsparen. Dieser Weg ist durch den Punkt 3 in der Graphik gekennzeichnet.

Diese Situation gilt generell, wobei im Extremfall die Krümmung der Automatisierungs-Stückkosten-Kurve d^2K_A/dX^2 so groß ist, daß der Kostenvorteil durch höhere Automatisierung nahezu verschwindet.

Wie eingangs erwähnt, ist also hier ein weiteres Kostensenkungspotential durch Flexibilisierung gegeben, das allerdings ebenso im individuellen Fall zu überprüfen ist.

3.6 Zusammenfassung

Ziel dieses Kapitels war die Erarbeitung der Möglichkeiten zur Rationalisierung durch die Flexibilisierung von Arbeitssystemen. Anhand der Kostenrechnung wurde aufgezeigt, daß sich durch eine Verringerung von Stillstandszeiten und damit durch eine Auslastungserhöhung die Stückkosten senken lassen. Stillstandszeiten von Montagesystemen unter gegebenen Randbedingungen können wiederum gesenkt werden, wenn die Systemelemente nicht nur für eine Aufgabe, sondern flexibel für mehrere eingesetzt werden können. Damit kann die Flexibilisierung von Betriebsmitteln zur Rationalisierung eingesetzt werden.

Die Stillstandszeiten haben jedoch unterschiedliche Ausprägungen und Ursachen, weshalb die Anforderungen an die Montagesysteme zur Verringerung dieser Zeiten gesondert diskutiert werden sollen.

Für den Bereich der hybriden Montagesysteme, die laut Definition einen mittleren Automatisierungsgrad besitzen, läßt sich aus der Flexibilisierung und der daraus resultierenden besseren Auslastung der Betriebsmittel auch prinzipiell ein höherer wirtschaftlicher Automatisierungsgrad realisieren, um einen maximalen Rationalisierungseffekt zu erreichen.

4 Anforderungen an flexible, hybride Montagesysteme

4.1 Zielsetzung

Im vorangehenden Kapitel wurden die prinzipiellen Kostensenkungspotentiale durch Flexibilisierung der Montagesystembestandteile beschrieben. Inhalt dieses Kapitels ist die Diskussion und Definition der Anforderungen an die technische Gestaltung der Betriebsmittel, die sich aus den Überlegungen zur Kostenreduzierung und aus den Randbedingungen der flankierenden organisatorischen Maßnahmen ergeben.

Die Anforderungen ergeben sich dabei aus der Betrachtung der erarbeiteten Kostensenkungspotentiale durch Senkung der Stillstandszeiten, der Möglichkeit einer Rationalisierung durch Veränderung des Automatisierungsgrades und dem Wunsch, optimale Arbeitsbedingungen zur Verfügung zu stellen. Wie das Auftreten von Kostensenkungspotentialen ist auch die Wirkung jeder Verbesserungsoperation beispielsweise zur Verkürzung der Stillstandszeiten individuell abhängig von der jeweils anstehenden Aufgabe sowie deren Randbedingungen. Die Anforderungen ergeben sich daher nicht absolut, sondern als Ableitung von den im folgenden beschriebenen Szenarien, die im Falle der Nutzung für die jeweils gültige Situation adaptiert werden müssen. In dieser Arbeit sind die einzelnen Parameter deshalb auch nur qualitativ angegeben. Gleichwohl können die diskutierten Szenarien als Hilfe zur Auffindung und Bestimmung der Rationalisierungspotentiale im Anwendungsfall verwendet werden.

Nicht berücksichtigt werden sollen die Anforderungen an die Betriebsmittel an sich und an deren Funktionalitäten, sondern nur die Anforderungen an deren Flexibilität, da die Betriebsmittel bereits seit Jahren ein Schwerpunkt der Optimierungsbemühungen sind. Es kann hier sowohl seitens der Forschung wie auch von den industriellen Entwicklungen her von einem hohen Niveau ausgegangen werden.

4.2 Ableitung des Flexibilitätsbedarfs zur Reduktion von Stillstandszeiten

Für die im vorherigen Kapitel als stückkostenverursachend erkannten fünf Arten von Stillstandszeiten werden die möglichen technischen und organisatorischen Änderungen diskutiert und daraus die jeweiligen Forderungen an die Entwicklung von passenden Systemen abgeleitet.

4.2.1 Die Produktionsdauer übertreffende Lebensdauer des Betriebsmittels

Durch die zunehmende Käuferorientierung sinkt bei den Herstellern die Zeit zwischen zwei Produktgenerationen. Bild 4.1 zeigt für drei Produktarten derzeit übliche, auf Firmenangaben basierende Produktionszeiten für eine Generation.

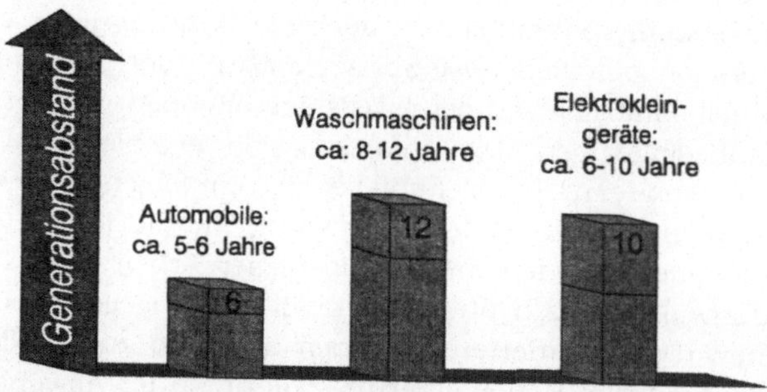

Bild 4.1: Durchschnittliche Produktionsdauer einer Produktgeneration

Diesen Durchschnittszeiten stehen die Werte der theoretischen Lebensdauer einzelner Betriebsmittel für die Montage der Produkte gegenüber. In Bild 4.2 sind dazu einige, wiederum auf Herstellerangaben basierende Lebenserwartungen für Montagesystemkomponenten zusammengestellt.

Anhand des Vergleichs der beiden Werte 'Generationsabstand' und 'Lebenserwartung' ergibt sich zum Teil eine nicht unerhebliche

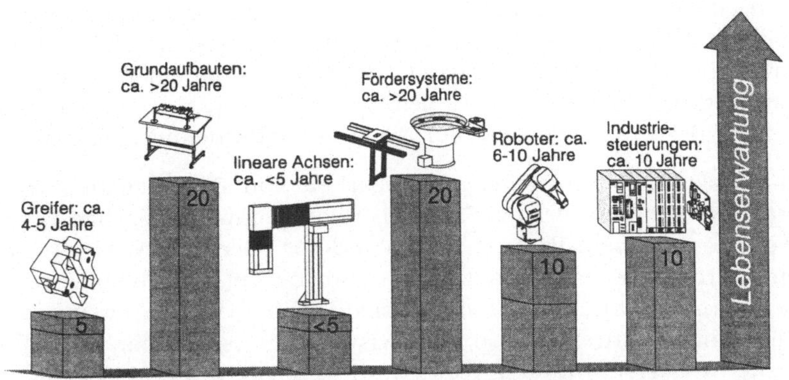

Bild 4.2: Lebenserwartung von Montagesystemkomponenten

Stillstandszeit der Betriebsmittel nach Abschluß der Produktion eines Produkts, die durch eine mögliche Weiterverwendung des Betriebsmittels für andere Aufgaben zumindest teilweise reduziert werden könnte. Besonders die Fördersysteme und die Arbeitsplatzgrundaufbauten, die zumeist einen wesentlichen Anteil der Investitionskosten ausmachen, würden sich zum Teil erheblich länger nutzen lassen, als die Produktionszeit für eine Generation dauert. Für eine sinnvolle Weiterverwendung des Betriebsmittels müssen folgende Randbedingungen gewährleistet sein:

- Das Betriebsmittel muß für eine neue Aufgabe einsatz- oder zumindest umrüstfähig sein.
- Der gegebenenfalls notwendige Umrüstaufwand darf kostenmäßig einen Bruchteil des aktuellen Wertes des Betriebsmittels nicht übersteigen, um die Kostenersparnis, die zusätzlich durch verringerte Abschreibungsmöglichkeiten geschmälert wird, damit nicht aufzubrauchen.

Zur Bemessung des aktuellen Wertes ist bei der Betrachtung der Wiederverwendbarkeit neben der Funktionsfähigkeit der Komponente auch der Wertverlust zu berücksichtigen, der sich aus der technischen Weiterentwicklung vergleichbarer Systeme ergibt. Gerade bei den Industriesteuerungen kann beispielsweise ein hohes Weiterentwicklungspotential festgestellt werden, so daß in diesem

Bereich eine Wiederverwendung weniger sinnvoll erscheint, sofern nicht die Funktionalität der alten Version noch ausreicht. Für Arbeitstische und Halterungen etc. ist dagegen mit einem geringen Entwicklungspotential zu rechnen, wodurch sich hier eine Vorbereitung der Systemelemente für die Weiterverwendung anbietet.

Die Diskussion der Weiterverwendbarkeit von Betriebsmitteln gestaltet sich in den meisten Fällen als relativ schwierig, da sich beim Wechsel von einem Produkt auf ein anderes oder beim Wechsel von einer Produktgeneration auf die nächste neben der Produktgestaltung zumeist auch die Funktionsmerkmale beziehungsweise die Fertigungsverfahren ändern. Beispielsweise ist es denkbar, daß eine bisher als Verschraubung realisierte Fügestelle in Zukunft geklebt wird und dadurch von den Betriebsmitteln her auf eine Klebevorrichtung umgestellt werden muß. Durch diese Ungewißheit zum Zeitpunkt der Systembeschaffung sollten die Arbeitssystemelemente an die Montage der neuen Produkte anpaßbar sein. Darüberhinaus können technologische Änderungen auch eine komplette Umkonfiguration der Montagesysteme erfordern.

Folgende Anforderungen für die Gestaltung von Betriebsmitteln können für die Reduktion von Stillstandszeiten bei kurzen Produkterneuerungsintervallen daher festgehalten werden:

- Die Systeme sollen umrüstbar sein. Die Frequenz der Umkonfiguration, die sich aus der längeren Betriebsmittellebensdauer als Produktgenerationslänge ergibt, ist jedoch sehr niedrig. Die Gesamtzahl der Produktwechsel liegt im einstelligen Bereich (0-9 Mal). Es muß deshalb bei diesem Typ der Stillstandszeit nicht speziell auf die Umrüstdauer geachtet werden, da diese Zeit im Vergleich zum Produktionseinsatz zumeist vernachlässigbar ist.
- Die Unsicherheit über die zukünftige Gestaltung der Montagesysteme zum Zeitpunkt der Beschaffung macht eine möglichst weitgehende Standardisierung der Systemkomponenten für eine freie Konfiguration erforderlich, um eine Wiederverwendbarkeit zu erhalten. Im besonderen gilt dies, wenn neben der geometrischen Änderung der Bauteile auch andere Montagetechnologien zum Einsatz kommen sollen.

4.2.2 Betrieb unterhalb der Vollauslastung

Vielfach werden in der Montage die Stillstandszeiten dadurch erhöht, daß die Systeme entweder wegen Auftragsmangel oder aus organisatorischen Gründen während der üblichen Arbeitszeiten nicht genutzt werden. Bild 4.3 zeigt dazu eine Graphik der Kapazitätsauslastung in den vom VDMA erfaßten Firmen in Prozent von der betriebsüblichen Vollauslastung.

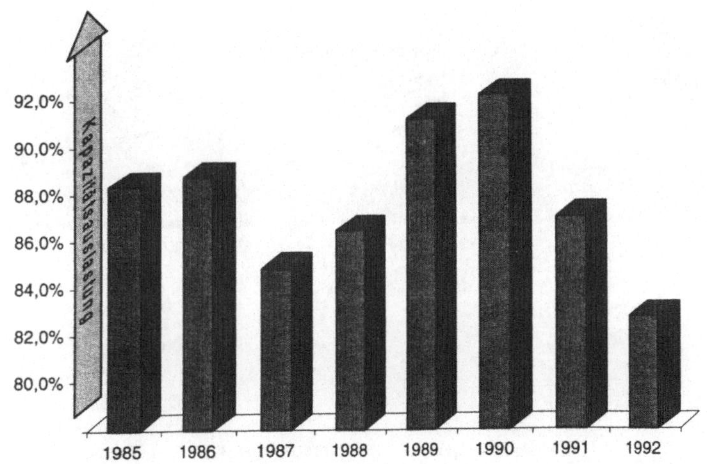

Bild 4.3: Kapazitätsauslastung in Prozent der üblichen Vollauslastung der Maschinen nach VDMA (1993)

Für beide Ursachen wird bisher eine Stillstandszeiten bedingende Überkapazität bei den Systemen in Kauf genommen, um in Zeiten der Vollauslastung lieferfähig zu sein. Damit wird jeweils ein Teil der Betriebsmittelkapazitäten nicht genutzt. Für den Fall des Auftragsmangels wäre es denkbar, in der Zeit, in der keine Aufträge für das Auslegungsprodukt anstehen, die Bestandteile des Arbeitssystems für die Montage anderer Produkte umzukonfigurieren. Damit steigt die Nutzungszeit der Arbeitssystemkomponenten und dies führt wiederum zu einer Verringerung der erforderlichen Produktionskapazität.

Bezogen auf ein Jahr ist im oberen Teil von Bild 4.4 beispielhaft die Montage dreier Produkte in konventioneller Betriebsmittelnutzung dargestellt. Bei einer Betrachtung am Anfang des Jahres werden die fest eingerichteten Plätze für die Produkte A und C genutzt, während der Betrieb am Montagesystem für das Produkt B ruht. Durch die flexible Nutzung der Montagesysteme im unteren Teil des Bildes wird eine individuelle Verteilung der Aufträge auf die Systeme ermöglicht, woraus eine Reduzierung sowohl der Stillstandszeiten als auch der Anzahl an benötigten Systemen resultiert.

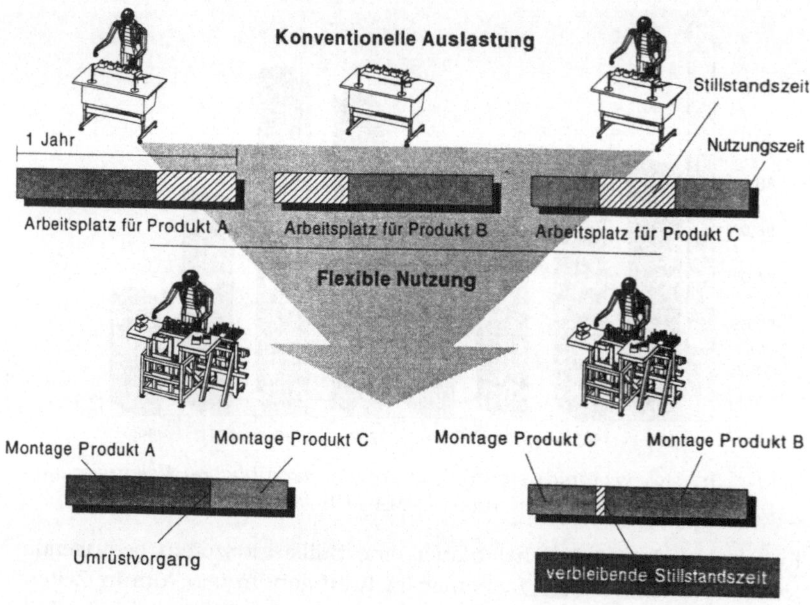

Bild 4.4: Arbeitsverteilung bei starren und flexiblen Montagesystemen

Andererseits muß für diese Rationalisierungsstragtegie mit einem erhöhten organisatorischen Aufwand gerechnet werden, um die gewünschte hohe Auslastung der Montagesysteme sicherzustellen. Gegenüber der rein starren Belegung muß nun eine losweise Montage erfolgen, bei der einzelne Aufträge auf die flexiblen Systeme eingelastet werden.

Zur Optimierung der Bestände - besonders bei den Fertigteilen - kann es sinnvoll sein, die einzelnen Aufträge noch weiter in kleinere Lose aufzuteilen, um dazwischen jeweils andere Produkte kurzfristig montieren und liefern zu können, was bisher bei starr eingerichteten Linien durch Versetzung des Personals von einem System auf das andere erfolgen kann.

Als Anforderungen an das Montagesystem zur Reduzierung dieser Art von Stillstandszeiten kann daher festgehalten werden:

- Die Systeme müssen für die Montage verschiedener Produkte oder zumindest unterschiedlicher Varianten umrüstbar sein, damit einzelne Aufträge für die jeweiligen Produkte darauf bearbeitet werden können.
- Die mehrfache, auftragsspezifische Umrüstung, die zur Reduzierung dieser Stillstandszeiten notwendig ist, erfordert kürzere Umrüstzeiten, als dies bei der Stillstandszeit im Kapitel 4.2.1 der Fall ist, um die Stückkostenersparnis durch erhöhte Auslastung nicht durch hohe Umrüstkosten zu reduzieren.
- Es wird eine möglichst hohe Standardisierung der Einrichtungen benötigt, um bei der Einlastung von Aufträgen für Produkte, die während der Planung noch nicht berücksichtigt worden sind, den Aufwand für Anpassungsarbeiten klein zu halten.

4.2.3 Reduktion von ungenutzten Schichten und Pausenzeiten

Einen sehr großen Anteil der Stillstandszeiten von Betriebsmitteln machen ungenutzte Schichten und Pausenzeiten aus. Jedoch entstehen hohe zusätzliche Kosten für eine Nutzung dieser beiden Zeitanteile und erschweren so eine mögliche Stückkostenersparnis durch die intensivere Betriebsmittelnutzung.

Bei einer Nutzung der Arbeitszeiten in der zweiten und dritten Schicht wachsen vor allem die Personalkosten durch tarifliche Zuschläge. Diese Zuschläge müssen durch die verlängerte Nutzung der Montagesysteme und den daraus resultierend verringerten Stückkosten erst einmal ausgeglichen werden, ehe aus dieser Form der Stillstandszeitreduzierung eine Rationalisierung erreicht werden kann. Dies ist vor allem dann denkbar, wenn zur Ausführung einer Montageaufgabe kostenintensive Montageeinrichtungen eingesetzt werden, da sich in einem solchen Fall der Auslastungserhöhung der Kostensenkungseffekt stark bemerkbar macht.

Sollen die Pausenzeiten als Stillstandszeiten eliminiert werden, so ist dies im Bereich der hybriden Montage nur mit organisatorischen Maßnahmen durchführbar, da immer Personal anwesend sein muß. Erreicht werden kann dies durch geschickte und damit aufwendigere Arbeitszeitmodelle, die sicherstellen, daß immer ausreichend Personal zur Verfügung steht. Solches Personal muß dann tendentiell auch häufiger den Arbeitsplatz wechseln und ist damit wegen höherer Qualifikationsanforderungen teurer.

Wie bei den anderen Arten von Stillstandszeiten auch muß hierbei ebenfalls individuell überprüft werden, ob eine solche Vermeidung von Stillstandszeiten mit den entsprechenden Konsequenzen letztendlich zu einer Kostenreduzierung führt. Ist dies der Fall, so würden bei einer Erweiterung der Auslastung auch die Produktionskapazitäten steigen.

Ausgehend von der Stückzahl des Auslegungsproduktes, die bei der anfänglichen Planung des Montagesystems zugrundeliegt, führt diese Kapazitätserweiterung dazu, daß freie Zeiten für die Montage zusätzlicher Produkte entstehen. Es ist damit auch für diesen Fall eine Anpaßbarkeit der Systeme an andere Montageaufgaben erforderlich, um die gewonnenen Kapazitäten nutzen zu können.

Die technischen Anforderungen aus der Verkürzung der Stillstandszeiten an zukünftige Montagesysteme unterscheiden sich damit nicht von denen, die in Systemen mit Auslastung unterhalb der Vollauslastung auftreten. Es sind dies:

- Umrüstfähigkeit,
- Umrüstung mit geringem Aufwand und
- standardisierter Aufbau für eine Systemnutzung in heute unbekannten Konfigurationen.

4.2.4 Reduzierung des ablaufbedingten Wartens

Während in den vorangehenden Abschnitten von den Möglichkeiten der Nutzungszeiterhöhung des gesamtem Montagesystems die Rede ist, soll nun die Stillstandszeit beleuchtet werden, die für die einzelnen Betriebsmittel während des normalen Betriebs auftritt.

Ablaufbedingtes Warten eines Betriebsmittels entsteht, wenn mehrere sequentielle Arbeitsschritte einer Montageaufgabe an einer Station zusammengefaßt sind. Diese Bündelung von Arbeitsinhalten ergibt sich aus der begrenzten Anzahl an Arbeitsplätzen in einem Montagesystem und der zumeist hohen Zahl an Einzelverrichtungen für die Montage eines Produkts.

Innerhalb eines Montagezyklus werden dabei nacheinander die Arbeitsschritte mit den einzelnen Betriebsmitteln durchgeführt. Das als erstes verwendete Betriebsmittel muß bis zu seinem nächsten Einsatz den gesamten Rest der Zykluszeit warten, wodurch eine Stillstandszeit von - wie an Beispielen in der Praxis zu sehen ist - 95 Prozent der Gesamtzeit in einem Zyklus entsteht.

Es gilt dies sowohl für die stückweise Montage, für welche die sich ergebende Stillstandszeit einfach ersichtlich ist, als auch für die verrichtungsweise Montage, solange mehrere Arbeitsschritte an einer Arbeitsstation zusammengefaßt sind. Dann werden zwar die einzelnen Arbeitsschritte bei allen aufliegenden Werkstücken mit einem Betriebsmittel unmittelbar aufeinanderfolgend durchgeführt, das Betriebsmittel wartet aber während der verrichtungsweisen Bearbeitung der anderen Arbeitsschritte entsprechend.

Die damit verbundene Problemstellung zur Reduzierung dieser Stillstandszeiten läßt sich allerdings nicht einfach durch die Flexibilisierung von Betriebsmitteln lösen. Es muß ein komplett anderer Ansatz bei der Systemplanung gemacht werden. Dieser soll nun zuerst vorgestellt werden, um daraus die Auswirkungen auf den Menschen und den Materialfluß sowie abschließend die Anforderungen an die Flexibilisierung der Montagesysteme ableiten zu können.

4.2.4.1 Planung von Montagesystemen

Das übliche Vorgehen bei der Planung von Montagesystemen ist heute die Abschätzung des voraussichtlichen Montagezeitbedarfs je Produkt und die Festlegung der zu produzierenden Stückzahlen je Periode. Die Multiplikation der beiden Größen ergibt den Gesamtbedarf an Montagezeit; dieser wird zur Errechnung der benötigten Arbeitsplätze durch den Wert der verfügbaren Einsatzzeit je Platz und Periode dividiert. Damit erhält der Planer die Anzahl der benötigten, vollausgelasteten Arbeitsplätze (Bild 4.5), auf die er die Arbeitsinhalte verteilt.

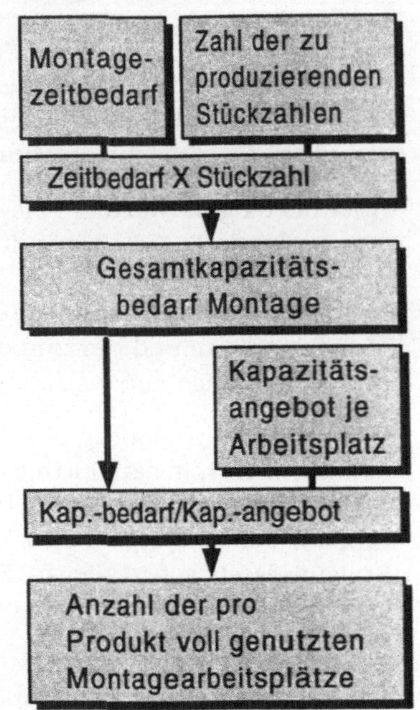

Bild 4.5: Bisherige Planung von Montagesystemen

Mit dieser Vorgehensweise sind gleichermaßen aber auch die Stillstandszeiten durch ablaufbedingtes Warten festgelegt. Diese Zeiten können verkürzt werden, wenn der Arbeitsinhalt auf mehr als die minimal notwendige Anzahl von Arbeitsstationen verteilt wird. Beispielhaft wird dies in Bild 4.6 dargestellt. Dort werden, ausgehend von einem oben abgebildeten Arbeitsplatz mit vier Betriebsmitteln und 75 Prozent ablaufbedingtem Wartens je Betriebsmittel während eines Zyklus, der Arbeitsinhalt artgeteilt und die Betriebsmittel auf zwei Arbeitsplätze aufgeteilt. Durch diese Maßnahme sinkt die Stillstandszeit des Betriebsmittels A (unten dargestellt) von 75 auf 50 Prozent.

Diese Vorgehensweise reduziert zwar einerseits die Stillstandszeit, erfordert andererseits jedoch eine höhere Anzahl an Arbeitsstationen, im Beispiel die doppelte. Damit verbunden ist auch eine Steigerung der Kapazität, die durch einen flexiblen Einsatz der

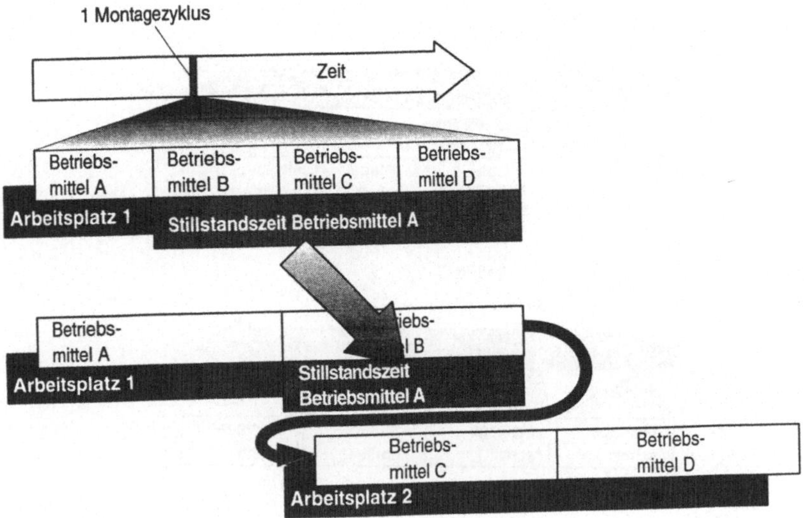

Bild 4.6: *Verteilung eines Montageinhalts auf mehrere Arbeitsplätze zur Vermeidung von ablaufbedingtem Warten*

Montagesysteme genutzt werden muß. Andernfalls würde durch die angesprochene Maßnahme nur eine Zusammenfassung von bisher kurzzeitigen Stillstandszeiten zu länger andauernden gewonnen werden.

4.2.4.2 Auswirkungen auf den Menschen

Als Effekt einer Umsetzung der veränderten Planung kommt es teilweise zu einer Verringerung der Arbeitsinhalte für den einzelnen Mitarbeiter, da die Tätigkeiten prinzipiell in Artteilung auf mehrere Arbeitsstationen übertragen werden, um die Nutzungsintensität je Betriebsmittel für eine Montageoperation zu erhöhen. Damit wird ein Effekt erzielt, der den Ideen im Sinne humaner Arbeitsgestaltung - der Schaffung von möglichst umfangreichen und interessanten Arbeitsinhalten (Job-Enrichment) - zuwiderläuft. Gleichzeitig verkürzt sich aber mit der Aufteilung der Arbeitsinhalte auf mehrere

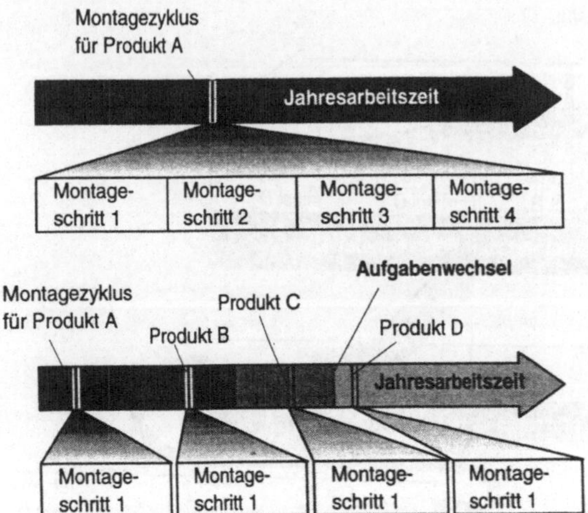

Bild 4.7: Veränderung der Arbeitsinhalte für die Mitarbeiter an den flexiblen Montagesystemen

Stationen auch die Belegungszeit des Gesamtsystems mit einem Auftrag. Ein Mitarbeiter, der - wie in Bild 4.7 dargestellt - zuvor vier verschiedene Tätigkeiten in einem Zyklus über das gesamte Jahr erledigt hat, führt nach der neuen Verteilung nur noch einen Montageschritt durch, diesen aber nur noch für einen Teil des Jahres. Die verbleibende Zeit wird das Montagesystem für andere Produkte eingesetzt und die daran tätige Person übernimmt wechselnd andere Aufgaben, im Beispiel jeweils den Montageschritt 1 der Produkte B, C und D. Ferner können dabei den Mitarbeitern über moderne Organisationsstrukturen wie Gruppenarbeit durch Wechsel der Arbeitsplätze innerhalb des Systems unterschiedliche Aufgabenstellungen ermöglicht werden.

4.2.4.3 Auswirkungen auf den Materialfluß

Eine Verteilung der Arbeitsinhalte für die Montage eines Produkts auf mehr als die minimal notwendige Anzahl an Stationen macht zusätzliche Aufwendungen für die Weitergabe der Produkte von einer Station an die nächste erforderlich. Diese Kosten, egal, ob

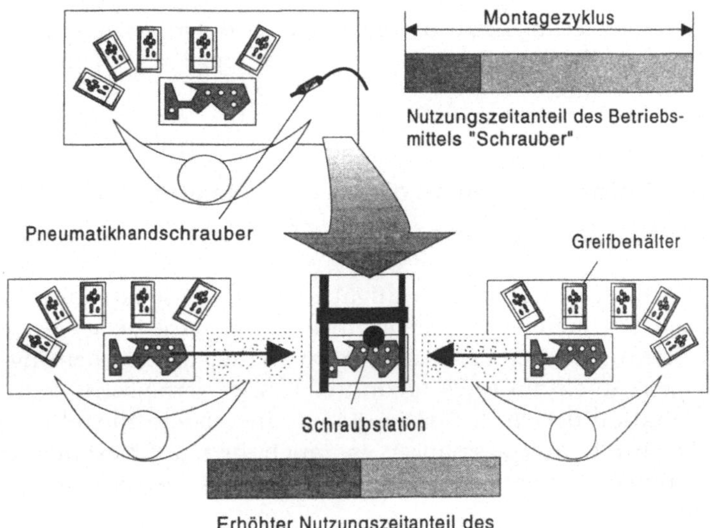

Bild 4.8: Mögliche Gestaltung von Montageumgebungen zur Verringerung der Wartezeiten

sie durch zusätzliches Handling in Form von Personalkosten auftreten oder durch Investitionen in Materialflußeinrichtungen entstehen, sind in der Wirtschaftlichkeitsrechnung dem Einsparungspotential durch die Verringerung der Betriebsmittelstillstandszeiten entgegenzusetzen.

Es sind jedoch Formen der Neugestaltung denkbar, bei welchem diese Zusatzkosten entweder eliminiert werden oder zumindest nur in sehr geringem Umfang auftreten. Bild 4.8 zeigt eine solche Anordnung, bei der zwei Gehäusehälften als abschließender Montageschritt zu verschrauben sind. Die Verschraubung wird dabei aus dem bisherigen Gesamtablauf (oben dargestellt) herausgenommen und zwischen zwei Arbeitsplätzen angeordnet, die beide dieselbe Tätigkeit durchführen. Das aufwendige Betriebsmittel Schrauber wird damit von zwei Seiten aus bedient, wodurch dessen Stillstandszeiten reduziert werden (*Reinhart & Fichtmüller 1994*). Durch die Nutzungzeiterhöhung beim Betriebsmittel für den Schraubprozeß kann eventuell - wie im Beispiel dargestellt - auch der Automatisierungsgrad für eine optimierte Wirtschaftlichkeit erhöht werden. Deshalb kommt hier eine automatische Schraubstation zum Einsatz.

4.2.4.4 Anforderungen an die zu gestaltenden Montagesysteme

Eine Verteilung der Montageaufgaben eines Produkts auf mehr Stationen als minimal notwendig führt - wie dargestellt - zu kürzeren Belegungszeiten der Montagesysteme für die Bearbeitung der benötigten Stückzahl eines Produkts. Um zu verhindern, daß aus der Reduktion der einen Stillstandszeit eine andere entsteht, nämlich die durch Auftragsmangel, ist auch hier die Flexibilisierung der Montagesysteme für die Übernahme verschiedener Aufgaben notwendig.

Die erwachsenden Anforderungen entsprechen denjenigen, die auf verringerter Betriebsmittelnutzung aufgrund von Auftragsmangel basieren. Sie sollen deshalb von dort übernommen werden.

4.3 Anforderungen aufgrund eines veränderlichen Automatisierungsgrades

Für die bisherigen Überlegungen sind das Produktspektrum beziehungsweise die Produktionszahlen als konstant angenommen und es wurden nur die Möglichkeiten zur Stückkostensenkung durch Auslastungserhöhung betrachtet. Eine weitere Dimension für die Ableitung der Anforderungen an die Gestaltung der flexiblen, hybriden Montagesysteme besteht in einer eventuell notwendig werdenden Anpassung des Automatisierungsgrades an die sich dynamisch verändernden Produktionsrandbedingungen. Ursachen für eine erforderliche Änderung des Automatisierungsgrades können dabei sein:

- die Intensivierung der Betriebsmittelnutzung, die zu einer rentablen höheren Automatisierung führt (siehe Kap. 3.4), oder

- eine Veränderung der Absatzzahlen für ein Produkt insbesondere bei Serienanlauf oder -auslauf.

In beiden Fällen ist es sinnvoll, die Montagesysteme optimal anpassen zu können, um bei einer Steigerung der Betriebsmittelnutzung möglichst wenig Rationalisierungspotential ungenutzt zu lassen. Bei sinkender Nutzung der Betriebsmittel können die Automatisierungskomponenten der höheren Automatisierungsstufe, sofern diese flexibel ausgelegt sind, demontiert und einer anderen Aufgabe zugeordnet werden, die ein größeres Kostensenkungspotential bietet. Damit wird eine Flexibilität in Bezug auf den Automatisierungsgrad benötigt.

Diese Flexibilität kann erreicht werden, wenn die Betriebsmittel selbst die Möglichkeit bieten, bezüglich des Automatisierungsgrades auf- oder abgerüstet werden zu können. Die Veränderung eines Montageschrittes kann aber auch sinnvollerweise eine Änderung der kompletten Struktur des Montagesystems nach sich ziehen, um etwa die Abtaktung der Stationen zueinander optimal zu gestalten.

Beispielsweise kann die Verschraubung des Gehäuses in Bild 4.8 bei geringen Stückzahlen günstig manuell mit einem Handschrauber an einem Arbeitsplatz gemeinsam mit den weiteren Tätigkeiten erledigt werden. Wächst dagegen die Stückzahl stärker an, und wird der Einsatz von mehr als einem Arbeitsplatz für die Montage des Produkts sinnvoll, kann eine Aufsplittung der Arbeitsinhalte auf die Arbeitsplätze eine günstige Alternative darstellen. Die intensive Nutzung des Betriebsmittels 'Schrauber' läßt dadurch eine höher automatisierte Lösung wirtschaftlicher werden.

Als Anforderungen aus diesem Bereich müssen daher folgende Punkte berücksichtigt werden:

- Die Betriebsmittel sollen eine Änderung des Automatisierungsgrades zulassen.
- Das Montagesystem muß je nach Anforderungen umkonfigurierbar sein.

4.4 Anpassungsfähigkeit an den Menschen

Neben den rein technisch und wirtschaftlich begründeten Anforderungen an die flexiblen, hybriden Montagesysteme sind gleichermaßen auch die bisher bereits bekannten Empfehlungen aus der Ergonomie zu berücksichtigen, um dem Mitarbeiter in der Montage ein optimales Arbeitsumfeld zur Verfügung zu stellen. Bei mehreren Autoren sind dazu Gestaltungshilfen für Arbeitssysteme verzeichnet (*Grob & Haffner 1982, REFA 1985, Schmidtke 1981, VDI 1980*). Diese Gestaltungshilfen umfassen verschiedene Bereiche, wie beispielsweise Lärmbelastung, Schwingungsbelastung oder Beleuchtung.

Der bei den Autoren ebenso betrachtete Bereich der geometrischen Auslegung von Arbeitssystemen gründet die Gestaltungsrichtlinien auf die Werte für die Körper- und Arbeitsplatzmaße nach DIN 33400ff. Im wesentlichen sollen diese Werte übernommen werden, wobei auch auf weitere Anforderungen generell Rücksicht genommen wird, sofern sie für die produktunabhängige Entwicklung des flexiblen Montagesystems von Bedeutung sind. Als Beispiel kann hier die Integration eines Not-Aus-Schaltkreises in den Arbeitsplatz genannt werden.

Innerhalb der vorliegenden Arbeit ist aus dem Maßbereich der DIN 33406 eine Anpaßbarkeit an den Personenkreis von der 5-Perzentil-Frau bis zum 95-Perzentil-Mann vorgesehen. Damit ist außer dem Anteil der sehr kleinen Frauen, die zu den 5 Prozent der kleinsten Frauen in Westeuropa gehören, sowie den Männern, die größer sind als 95 Prozent aller westeuropäischen Männer, das gesamte Spektrum der Personen abgedeckt, die möglicherweise an diesem System arbeiten sollen.

Weiterhin existiert eine Unterscheidung in der Ausgestaltung von Montagearbeitsplätzen als Steh- oder Sitzarbeitsplätze. Auch diese Einstellmöglichkeit soll berücksichtigt werden.

4.5 Zusammenfassung

Ziel dieses Kapitels war die Ableitung der Anforderungen an flexible, hybride Montagesysteme, die sich aus den im vorherigen Kapitel erarbeiteten Kosteneinsparungspotentialen ergeben. Bei der Analyse der einzelnen Klassen von zu reduzierenden Stillstandszeiten bei den Betriebsmitteln wurde anhand von Szenarien ermittelt, daß eine Verringerung dieser Zeiten durch Umrüstung der Montagesysteme möglich ist. Die Umrüstbarkeit bezieht sich einmal auf die Fähigkeit, die Arbeitssysteme auf verschiedene Produkte einrichten zu können. Ebenso soll aber auch die Zusammenstellung der Arbeitsplätze selbst gegebenenfalls veränderlich sein. Je nach Typ der Stillstandszeit ergeben sich unterschiedliche Frequenzen, mit welchen die Montagesysteme auf neue Aufgaben einzurichten sind. Dafür ist - außer bei der Diskussion der Weiterverwendung der Betriebsmittel nach Produktionsende einer Produktgeneration - organisatorisch ein Übergang zu auftragsspezifischer Arbeitsplatzrüstung und anschließender Montage sinnvoll und notwendig.

Mögliche Änderungen des wirtschaftlichen Automatisierungsgrades erfordern weiterhin, daß auch die Betriebsmittel selbst individuell auf- oder abgerüstet werden können.

Zuletzt werden die Anforderungen erfaßt, die eine Ausrichtung der Arbeitsplätze für eine ergonomisch günstige Bedienung durch unterschiedlich große Personen ermöglichen.

5 Konzept für die Gestaltung flexibler, hybrider Montagesysteme

5.1 Zielsetzung

In den vorangegangenen Kapiteln wurde erarbeitet, daß sich durch Flexibilisierung von Montagesystemen Rationalisierungspotentiale freisetzen lassen. In einem zweiten Schritt wurden die sich aus der Flexibilisierung ergebenden Anforderungen an die entsprechend ausgelegten Systeme abgeleitet.

Inhalt dieses Kapitels ist nun der Aufbau eines Gesamtkonzepts für die Gestaltung und den Einsatz flexibler, hybrider Montagesysteme. Dazu soll zunächst das Grundkonzept beschrieben werden, an das sich die Beschreibungen der notwendigen Anpassungen bei den Montagesystemen und der jeweiligen Lösungsmodelle in der Planung sowie der Kostenrechnung anschließen.

5.2 Grundkonzept für den Einsatz flexibler, hybrider Montagesysteme

Aus den in Kapitel 4 erarbeiteten Anforderungen läßt sich als wesentliche Forderung die Möglichkeit ableiten, bei Stillstand eines Systems dessen Komponenten für die Montage anderer Produkte zu verwenden. Dazu ist eine individuelle und schnelle Konfigurierbarkeit der Systemelemente untereinander notwendig, um durch den Einsatz flexibler, hybrider Montagesysteme und die Umrüstung der Anlagen bei Stillstand die Kosten zu verringern. Die Kostenreduzierung resultiert aus der Verringerung der Gesamtzahl an benötigten Einrichtungen im Unternehmen.

In letzter Konsequenz bedeutet die Erfüllung dieser Anforderungen, daß Montageanlagen zukünftig nicht mehr produktspezifisch geplant und realisiert werden, wenn sie entsprechend dem hier diskutierten Rationalisierungsansatz gestaltet werden sollen. Vielmehr steht dann die Betrachtung des einzelnen Montageauftrags bei der

Systemplanung im Vordergrund, auf den das System zur Bearbeitung eingestellt wird, und nicht mehr die Planung eines Montagesystems für nur eine Aufgabe.

Prinzipiell läßt sich die Abarbeitung eines Montageauftrags dann folgendermaßen darstellen:

Der Ablauf der Bearbeitung eines Auftrags beginnt mit der Zusammenstellung und Kommissionierung der zu montierenden Einzelteile und der zur Durchführung benötigten Systemkomponenten. Die Konfiguration des Arbeitsplatzes kann erfolgen, sobald das Grundsystem des Montagearbeitsplatzes von dem vorhergehenden Auftrag abgerüstet ist. Die Umrüstphase soll, nachdem es sich von der Konzeption her um schnellwechselbare Systemkomponenten handelt, im Bereich von wenigen Minuten liegen.

Danach findet die eigentliche Montage des Produktes statt, die wiederum mit der Rückrüstung des Arbeitsplatzes in einen Grundzustand endet (Bild 5.1).

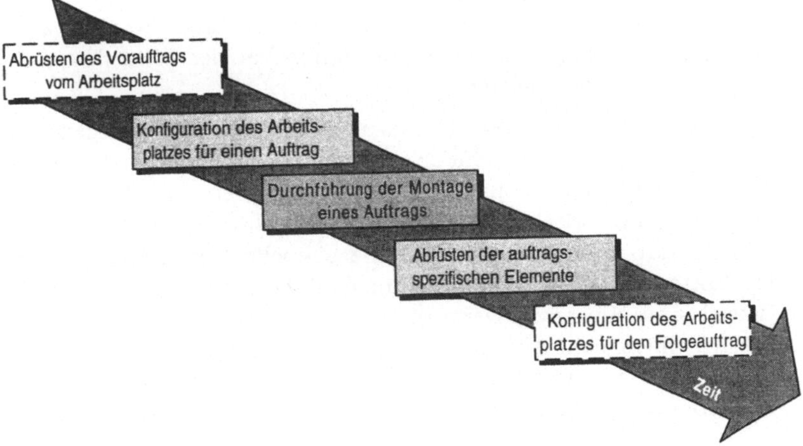

Bild 5.1: Konzept für den Ablauf der Auftragsbearbeitung

Auf diese Art und Weise kann sichergestellt werden, daß - eine Anpassung der Planung und des Umfelds vorausgesetzt - die auftretenden Stillstandszeiten bisheriger Systeme beziehungsweise von deren Komponenten zumindest zum Teil eliminiert werden. Die Grenzen der Verringerung von Stillstandszeiten sind dabei im wesentlichen durch die folgenden fünf Punkte gekennzeichnet:

- Die ablaufbedingten Wartezeiten bei den Betriebsmitteln lassen sich durch Umverteilung der Arbeitsinhalte auf mehrere Stationen einschränken. Auf der anderen Seite steigt der Zusatzaufwand für die Weitergabe der Einzelteile und der Rüstaufwand damit an und reduziert den Einsparungseffekt. Unter Betrachtung aller Kosten stellt sich das individuell zu ermittelnde Kostenoptimum zumeist unter Anwesenheit gewisser Stillstandszeiten dieser Art ein.
- Zur Durchführung von 'exotischen' oder komplexen Montageprozessen werden zum Teil Einrichtungen benötigt, die nur für diese eine Aufgabe eingesetzt werden können. Sofern nicht ein fortlaufender Auftrag für das spezifische Produkt vorhanden ist, lassen sich für diese Einrichtungen Stillstandszeiten nicht vermeiden. Das Ziel bei der Gestaltung der Betriebsmittel muß es allerdings sein, den Anteil der nicht mehrfachverwendbaren Komponenten so gering wie möglich zu halten. Dabei können zum Beispiel auch konstruktive Maßnahmen bei der Produktgestaltung einen Beitrag leisten.
- Die Verringerung von Stillstandszeiten erlaubt, über die gesamte Produktion betrachtet, eine Kostenreduzierung durch Verringerung der Anzahl an benötigten Montageanlagen und Komponenten. Organisatorische Randbedingungen können jedoch dazu führen, daß beispielsweise für eine schnelle Lieferfähigkeit zwei Produkte, für deren Montage prinzipiell die gleichen, spezifischen Betriebsmittel benötigt werden, parallel montiert werden müssen. Hierfür muß eine gewisse Redundanz vorgehalten werden. Die dann mehrfach vorhandenen, aber nicht vollständig genutzten Betriebsmittel weisen weiterhin Stillstandszeiten auf.
- Die Erweiterung der Arbeitszeiten zur Verringerung der Stillstandszeiten ist im Normalfall mit zusätzlichen Personalkosten, z. B. Schichtzulagen, verbunden. Die Grenze der Verringerung von Stillstandszeiten ist erreicht, wenn die Kurve der Zusatzkosten steiler anwächst, als der Rationalisierungseffekt wirkt.

- Wie in Kapitel 1.3 beschrieben, weisen mehrere Autoren bei der Forderung nach Flexibilität in der Montage auf die qualitativ mit der steigenden Flexibilität wachsenden Investitionskosten hin (siehe Bild 1.7). Bei der Planung von flexiblen Montagesystemen zur Rationalisierung ist daher darauf zu achten, daß die erzielbaren Einsparungen durch die Flexibilisierung nicht durch die anfallenden Zusatzkosten zunichte gemacht werden.

Tangiert werden von dieser konzeptionellen Änderung verschiedene Bereiche im Unternehmen. Wesentliche Änderungen entstehen in der Montageplanung und bei der Betriebsmittelkonstruktion, die bei der Auslegung der Systeme die Rationalisierungsansätze durch Flexibilisierung berücksichtigen müssen. Für die Betriebsmittelkonstruktion muß, aufbauend auf dem vorgestellten Grundkonzept, ein konzeptioneller Rahmen für die Realisierung zukünftiger, flexibler Montagesysteme gegeben sein, der im folgenden dargestellt wird.

Daneben verändern sich aber auch die Kapazitäts- oder Einsatzplanung für die Arbeitssysteme sowie die Kostenrechnung, die die Möglichkeit der flexiblen Nutzung der Betriebsmittel berücksichtigen muß. Diese beiden Bereiche werden im Anschluß besprochen.

5.3 Konzeptioneller Rahmen für die Gestaltung der flexiblen Montagesysteme

Für die geforderte Umkonfigurations- oder Umrüstungsmöglichkeit der Montagesysteme müssen diese mit einer gewissen Flexibilität ausgestattet sein. Dazu stehen prinzipiell als Flexibilisierungsmöglichkeiten die in Kapitel 2.5 erarbeiteten Ansätze zur Verfügung. Allerdings bietet aus diesen Flexibilisierungsarten nur das Baukastensystem die Möglichkeit, nach Abschluß der Erstkonstruktion auf mit der Zeit auftretende Änderungen oder neue Anforderungen reagieren zu können, so daß dieses als Lösungskonzept ausgewählt wird. Von der Idee her soll damit aus einem Pool von Modulen verschiedenster Ausprägungen jeweils das optimale Arbeitssystem konfiguriert werden (Bild 5.2). Die einzelnen Module müssen dafür nach einer streng hierarchischen Ordnung gestaltet werden und

Standardschnittstellen zur individuellen Aneinanderreihung aufweisen.

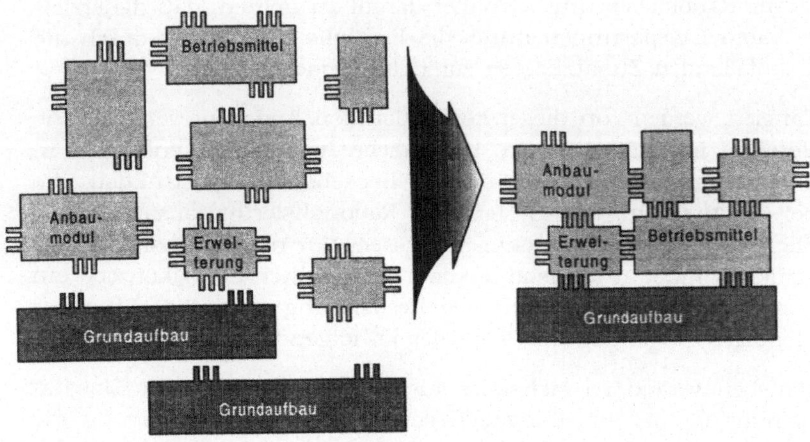

Bild 5.2: Zusammenstellung von Arbeitssystemen nach dem Baukastenprinzip

Ähnlich ist dieses Konzept dem, welches bei flexiblen Bearbeitungszentren verwendet wird. Auch dort wird die Maschine, die nach dem Baukastenprinzip aufgebaut ist, jeweils auftragspezifisch eingerichtet. Je nach Auftrag wird die Werkzeugmaschine als Grundaufbau dabei mit verschiedenen Komponenten ausgestattet. Zur Rüstung einer Werkzeugmaschine werden folgende Komponenten und Bauteile benötigt:

- der Grundaufbau der Werkzeugmaschine,
- eventuelle Erweiterungen, beispielsweise ein automatischer Werkstückwechsler,
- das Bearbeitungswerkzeug,
- die Werkstücke und
- bei CNC-Maschinen das passende Ablaufprogramm.

Bei den Montagesystemen, die nach dem Baukastenprinzip aufgebaut sind, soll ebenso ein für alle Aufgaben einsetzbarer Grundaufbau existieren, der um ankuppelbare Einrichtungen, wie z. B. für den Materialfluß, erweitert werden kann. Den Bearbeitungswerkzeugen entsprechen die Montagebetriebsmittel zur Verarbeitung der einzubringenden Werkstücke. Für beide Systeme wird ein Ablaufprogramm zur Steuerung der einzelnen Schritte eingesetzt.

Das wesentliche Ziel der Flexibilisierung von Montagesystemen ist - wie bereits erwähnt - die Erzielung einer mehrfachen Verwendung der Systembestandteile, um deren Stillstandszeiten so gering wie möglich zu halten. In der Montage sind die eingesetzten Systemelemente bisher vielfach individuell für eine spezifische Aufgabe entwickelt, weshalb eine Mehrfachverwendbarkeit stark eingeschränkt ist. Innerhalb dieses Konzepts soll - zumindest für die kostenintensiven Bestandteile eines Montagesystems - der Aufbau der Komponenten weitgehend aus aufgabenneutralen Elementen erfolgen. Die Einrichtungen, die nur spezifisch für eine Aufgabe verwendbar sind, sollen an sich weiterhin vom Umfang her auf ein Minimum begrenzt sein. Dazu sind möglichst auch diese Betriebsmittel wiederum aus neutralen Modulen aufzubauen und nur durch die Spezialwerkzeuge zu ergänzen. Auf diese Weise lassen sich auch für die schwierig zu verringernden Stillstandszeiten wegen mangelnder Weiterverwendung nach Auslauf einer Produktgeneration eingrenzen, da die Unsicherheit der zukünftig benötigten Betriebsmittel verringert wird.

5.4 Veränderte Organisation beim Einsatz flexibler Montagesysteme

Durch die Änderung der Verwendung von Montagesystemen hin zu auftragsspezifischer Nutzung muß auch die Organisation im Bereich der Kapazitäts- und Einsatzplanung angepaßt werden.

Kennzeichen der meisten, bisher eingesetzten und starren Montagesysteme ist, daß sie fertig gerüstet sind und dann genutzt werden, wenn ein entsprechender Auftrag eingelastet wird. Damit steht im

Prinzip für jede Montageaufgabe ein eigenes System zur Verfügung, was, wie in Kapitel 3 beschrieben, zum Rationalisierungspotential durch die Stillstandszeiten und den damit verbundenen Überkapazitäten führt. Von der Organisation des Betriebs her kann bei dieser Konstellation ein Auftrag bearbeitet werden, sobald das Material und das notwendige Personal verfügbar ist.

Die Maxime bei der flexiblen Nutzung der Montagesysteme ist dagegen, daß die jeweiligen Arbeitsplätze nur noch genau für die tatsächliche Nutzungszeit auf ein Produkt eingerichtet sein sollen. Der damit erzielbare Kosteneinsparungseffekt tritt in Kraft, wenn aufgrund der Mehrfachverwendung nur eine geringere Anzahl an benötigten Komponenten vorgehalten werden muß, als wenn mit vorgerüsteten Montagesystemen gearbeitet wird. Die Reduzierung des Kapazitätsangebots bei den technischen Einrichtungen führt aber auch dazu, daß der jeweilige Einsatz der Komponenten organisiert werden muß, weshalb in diesem Fall zusätzlich zu den beiden Kriterien 'Verfügbarkeit der Einzelteile' und 'Personalbedarf' die zu nun planende Komponente der Betriebsmittel zu beachten ist (Bild 5.3).

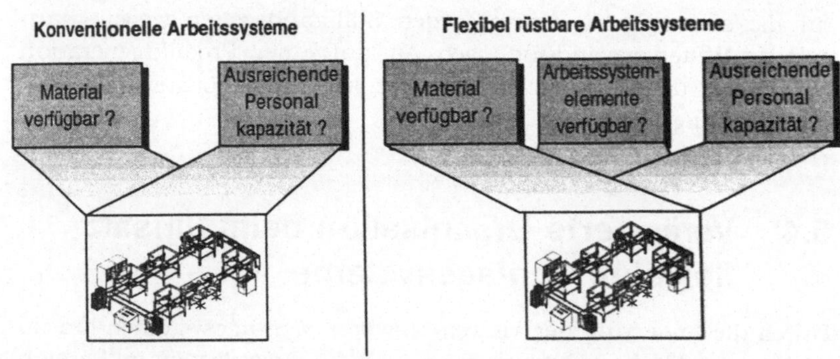

Bild 5.3: Neue Planungsanforderungen bei der Kapazitätsplanung

Die flexiblen, rüstfähigen Montagegrundsysteme sind in Zukunft mit Auftragslosen zu belegen, wobei die Länge der Einsatzzeit für ein Los und damit die Losgröße durch die jeweiligen Randbedingungen festgelegt wird. Wenn das Los fertig montiert ist, kann die Umrüstung auf das jeweils nächste Produkt erfolgen und der folgende Auftrag eingelastet werden.

Dieses Vorgehen bewirkt, daß die jeweiligen Arbeitssysteme in der Planung aus einer Reihe von einzelnen und zu diesem Zeitpunkt verfügbaren Systemkomponenten zusammengestellt werden müssen. Vergleichbar ist auch dieses System mit dem bei der Teilefertigung gängigen Verfahren, bei dem die jeweils benötigten Einrichtungen aus einem Werkzeuglager entnommen und nach Gebrauch dorthin wieder zurückgebracht werden, um sie für weitere Aufgaben verfügbar zu halten.

5.5 Veränderte Kostenrechnung

Ebenso wie sich die organisatorischen Randbedingungen ändern, müssen auch die üblichen Kostenrechnungsverfahren adaptiert werden.

Mit den herkömmlichen Kostenrechnungsverfahren bei der Montageplanung - ob statisch oder dynamisch - lassen sich die Kosteneinsparungen durch den Einsatz von flexiblen Montagesystemen nicht rechnen. Der Grund hierfür liegt darin, daß für die Ermittlung der Stückkosten nur die Stückzahlen angesetzt werden können, die in der Planung bereits von Anfang an bekannt sind. Benötigt wird ein Verfahren, das die Kosten produktbezogen zuordnet. Ein Beispiel anhand einer statischen Stückkostenrechnung verdeutlicht dies.

In Bild 5.4 sind die notwendigen Investitionen für ein Produkt bei der Montage auf zwei verschiedenen Automatisierungsstufen eingetragen. Inklusive der nutzungsunabhängigen Wartungskosten sowie der Kapitalkosten bilden sie - reduziert auf den jeweiligen Abschreibungsbetrag - die fixen Stückkosten, die über der steigenden Stückzahl mit reziprokem Verlauf abnehmen. Sie sind auf die variablen Stückkosten aufzuschlagen (vgl. Kap 3.2), welche zur besseren Übersicht hier als konstant, also ohne Sonderkosten für zuschlagspflichtige Arbeitszeiten, angenommen sind (vgl. Kap 4.2.4).

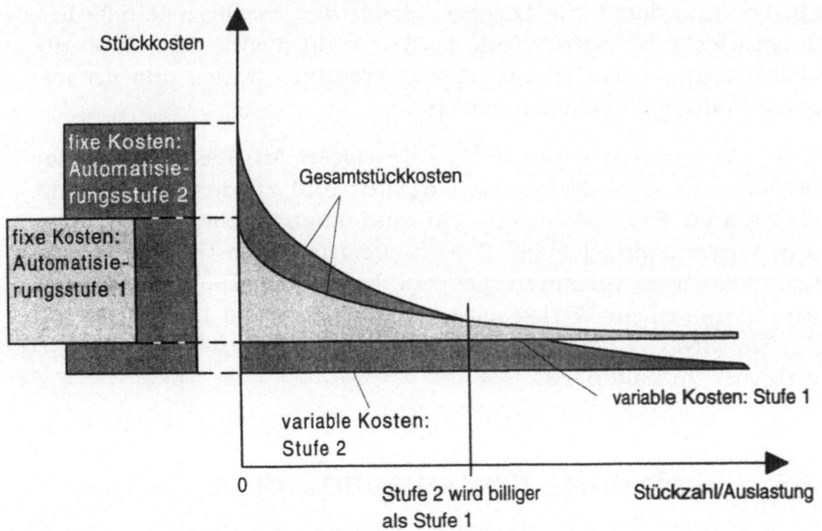

Bild 5.4: Bisher übliche Form der Kostenrechnung

Die erste Automatisierungsstufe ist dabei über einen weiten Stückzahlbereich günstiger als die zweite, so daß diese an sich rationellere Stufe erst bei hohen Stückzahlen rentabel eingesetzt werden kann. Das Montagesystem wird jedoch bei dieser Betrachtung nur in bezug auf die Verwendung für ein Produkt untersucht. Bei einer Mehrfachverwendung brauchen nicht die gesamten Kosten dieser einen Aufgabe beziehungsweise den zu produzierenden Stückzahlen des einen Produkts zugeschlagen werden.

Bei der Reduzierung der Stillstandszeiten für die Betriebsmittel sowohl nach Auslaufen einer Produktgeneration (siehe Kap. 4.2.1) wie auch während des Betriebs (siehe Kap. 4.2.2 - 4.2.4) zielen die Anstrengungen darauf ab, die betreffenden Investitionen für die Einrichtungen nicht mehr nur auf eine Montageaufgabe umzulegen beziehungsweise damit die Gesamtzahl der erforderlichen Einrichtungen zu reduzieren. Es ist folglich eine geänderte Kostenrechnung notwendig, die es erlaubt, nur die Kosten aufzunehmen, die direkt der Aufgabe zugeordnet werden müssen.

Die entwickelte modifizierte Kostenrechnung geht davon aus, daß ein zu erwartender Gesamtnutzungsgrad sowohl bezogen auf einzelne Perioden wie auch über die gesamte Lebensdauer der Betriebsmittel als Planungsgröße festgelegt werden kann, zu welchem das System oder dessen Bestandteile ununterbrochen eingesetzt werden. Dieser beispielsweise um Störungen oder sonstige Arbeitszeitreduzierungen verminderte Gesamtnutzungsgrad ist die Basis für die Berechnung der tatsächlichen Nutzungszeit aus der theoretisch maximal zu Verfügung stehenden Arbeitszeit.

Aus der Multiplikation der Montagezeiten für ein Produkt mit dessen Stückzahlen beziehungsweise durch Abschätzung der Produktionszeit einer Produktgeneration läßt sich ermitteln, welcher Anteil an der tatsächlichen Nutzungszeit des Montagesystems auf die Bearbeitung für ein Produkt sowie die zugehörige Arbeitsplatzrüstung verwendet wird (Bild 5.5). Entsprechend diesem Anteil sind auch die dem Produkt zuzuordnenden Fixkosten zu bestimmen.

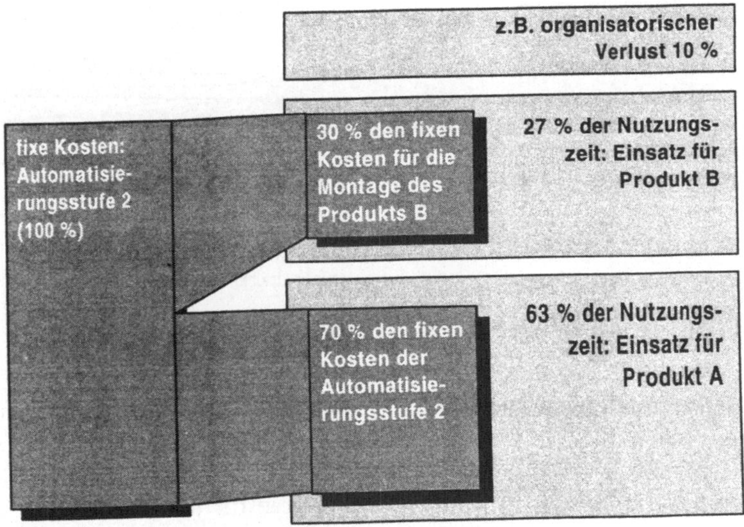

Bild 5.5: Beispielhafte Zuordnung der fixen Kosten eines Montagesystems auf mehrere Produkte

Mit dem verringerten Fixkostenbetrag soll nun die eigentliche Kostenrechnung erfolgen. Da nur die anteiligen fixen Kosten bei der Kostenrechnung dem einen Produkt zugerechnet werden müssen, verschiebt sich der Schnittpunkt des Kostenverlaufs der zweiten Automatisierungsstufe mit dem der ersten in Richtung niedrigerer Stückzahlen. Ebenso sinken die Montagestückkosten insgesamt, wie in Kapitel 3 erarbeitet wurde (Bild 5.6). Als Ergebnis kann nun der reale, produktbezogene Montagekostensatz bei einer Produktion auf flexiblen Montagesystemen abgeleitet werden.

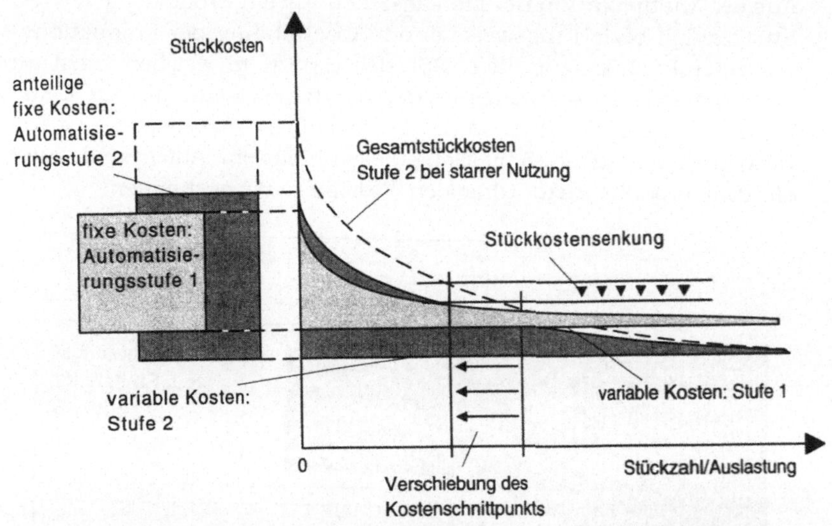

Bild 5.6: Beispielhafte Stückkostenreduzierung durch Mehrfachverwendung

Je nach Höhe der notwendigen Investitionen sollte bei dieser Rechnung unterschieden werden, ob das vorgestellte, veränderte Verfahren auf das Montagesystem insgesamt angewendet wird oder ob gerade bei aufwendigen Einzelkomponenten für jede Baugruppe des Systems eine eigene Kalkulation durchgeführt wird. In letzterem Fall können beispielsweise die unterschiedlichen Lebensdauern (vgl. Kap 4.2.1) der Systemelemente individueller berücksichtigt werden, wogegen ein höherer Planungsaufwand zu rechnen ist.

Für große Montagebereiche, in welchen das Baukastensystem bei einer großen Anzahl von Arbeitsplätzen verwendet wird, kann die ausgeführte Kostenrechnungsänderung noch weitergehend ausgenützt werden. Unter der Annahme, daß ein bei der Planung eines produktbezogenen Montagearbeitsplatzes nicht berücksichtigtes Systemelement in einer anderen Applikation wirtschaftlich eingesetzt werden kann, können für jedes zu produzierende Los individuell die wirtschaftlich optimalen Arbeitsrandbedingungen eingestellt werden. Ebenso läßt sich das bisher auf eine Periode, üblicherweise ein Jahr, bezogene Rechenmodell auf die Zeitdauer der Montage eines spezifischen Loses reduzieren.

5.6 Zusammenfassung

Inhalt dieses Kapitels war die Entwicklung eines Gesamtkonzepts für die Gestaltung flexibler, hybrider Montagesysteme und damit einhergehend die Einbettung der veränderten Arbeitssysteme in das Umfeld im Unternehmen.

Ein vom Ansatz her unterschiedliches Vorgehen bei der Konzeption von Montagesystemen ist dafür ausschlaggebend. In Zukunft sollen dort, wo sich die Rationalisierungsform der Flexibilisierung aufgrund der geeigneten Randbedingungen als sinnvoll erweist, die Montagesysteme nicht mehr - wie heute üblich - produktspezifisch beziehungsweise starr für ein Produkt und für dessen Produktionszeit aufgebaut werden. Die Systeme sollen vielmehr individuell nach Anforderung aus einem 'Pool' von neutralen Komponenten konfiguriert werden.

Die Montagesysteme sind dazu nach dem Baukastenprinzip aufzubauen, wobei hierzu eine klare Strukturierung der Komponenten und die Definition von Standardschnittstellen notwendig sind.

Die Wirtschaftlichkeit kann anhand eines veränderten Kostenrechnungsverfahrens nachgewiesen werden, wobei diese nur erreichbar ist, wenn die Kapazitätsplanung um den Bereich der organisatorischen Verfügbarkeit der Systemkomponenten erweitert wird.

6 Gestaltung von flexiblen, hybriden Montagesystemen

6.1 Zielsetzung

In diesem Kapitel soll ein, den erarbeiteten Anforderungen und dem vorher beschriebenen Konzept entsprechendes Baukastenmontagesystem entwickelt werden. Wesentliche Randbedingungen für das Baukastensystem sind eine klare Strukturierung der Systemkomponenten und die Schaffung von Standardschnittstellen für die individuelle Konfiguration der späteren Montageanlagen.

Dazu wird zuerst aufbauend auf dem gegenwärtigen Stand der Technik und anhand einer durchgeführten Analyse mehrerer industriell eingesetzter Montagestationen eine passende Strukturierung erarbeitet. An der Verbindungsstelle der Strukturgruppen zueinander sollen später die Schnittstellen zu liegen kommen. Die Montagebetriebsmittel zur Durchführung der Prozesse stellen häufig den wesentlichen Anteil am Gesamtwert einer Anlage dar. Sie sollen deshalb detailliert untersucht werden.

Im Anschluß an die Strukturierung werden beispielhaft einige Systemelemente zur Funktionsverifikation des Gesamtkonzepts entwickelt.

6.2 Ableitung einer betriebsmittelorientierten Struktur

Zielsetzung der hier benötigten Strukturierung ist die vollständige Erfaßbarkeit aller sinnvollen Systemkonfigurationen unter Berücksichtigung der hybriden Montage. Dabei sollen die Systembestandteile in einer eindeutigen hierarchischen Struktur eingeordnet werden können, um eine einheitliche Schnittstellendefinition zwischen den Gruppen der Struktur vornehmen zu können. Im Kapitel 'Stand der Technik' wurden die bekannten Strukturierungen von Montagesystemen vorgestellt. Die einzige Strukturierung, die zumindest die beiden ersten Anforderungen erfüllt, ist die Gliederung, wie sie Konold u. a. (*1977*) aufgestellt haben. Diese Strukturierung ist jedoch nicht Ergebnis einer Studie, sondern nur eine willkürliche Aufteilung zur Gliederung der Komponenten in dem von ihnen erstellten Arbeitssystemelementekatalog. In einer eigenen Untersuchung soll daher die Übertragbarkeit dieser Struktur für die Entwicklung des Baukastensystems überprüft werden. Die Systematik dient als Ausgangsbasis für die innerhalb dieser Arbeit durchgeführte Analyse.

Grundlage der Strukturentwicklung bildet eine in mehreren Unternehmen durchgeführte Analyse von insgesamt 75 Montagearbeitsplätzen. Bei den Firmen handelt es sich um vier Unternehmen,

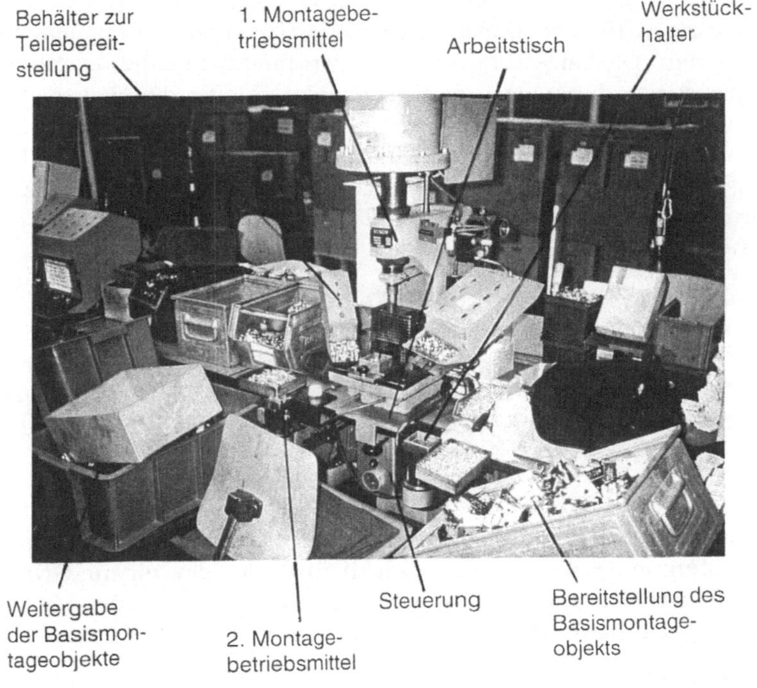

Bild 6.1: *Beispiel für die Aufnahme von Systemelementen an einem untersuchten Montagesystem*

deren Produkte dem Bereich der elektromechanischen Kleingeräte zuzurechnen sind. Zu Beginn wurden bei allen Arbeitssystemen deren Systembestandteile erfaßt und die jeweilige Funktion aufgenommen (Bild 6.1).

Bei der Auswahl der zu untersuchenden Anlagen wurde bewußt das gesamte Spektrum von Montagesystemen berücksichtigt, die in diesen Firmen vorhandenen sind. Beginnend bei den einfach mechanisierten Einzelarbeitsplätzen bis hin zu den in Linien integrierten Montagestationen wurde damit ein weites Feld verschiedener Komponenten erfaßt.

Neben der reinen Aufnahme der Arbeitsplatzkomponenten zur Ableitung der verschiedenen Gruppen wurde auf dem verwendeten Erhebungsbogen zudem Platz für die Erfassung der Umgebungsbedingungen für den Einsatz der entsprechenden Systemelemente vorgesehen. Die Umgebungsbedingungen umfaßten dabei Daten wie beispielsweise die Taktzeit des Arbeitsplatzes oder die Bewegungslängen, die notwendig sind, um eine Montageoperation mit dem entsprechenden Betriebsmittel auszuführen. Dadurch sollte gleichzeitig den Bestandteilen der Montagesysteme in den einzelnen Ausführungen jeweils ein potentielles Einsatzgebiet zugewiesen werden können.

Von den aufgenommenen Systemkomponenten können bis auf die Montagebetriebsmittel alle den jeweiligen Gruppen der Strukturierung nach Konold u. a. zugeordnet werden. Die Montagebetriebsmittel werden dort nicht erfaßt und müssen deshalb für die benötigte Systematik in einer eigenen Gruppe zusammengefaßt werden.

Weiterhin ist die Definition des Arbeitsplatzes bei Konold u. a. so weit gefaßt, daß für ihn verschiedenste Ausprägungen möglich sind. Beispielsweise kann der Arbeitsplatz bereits mit einem Materialflußsystem ausgestattet sein, wogegen zusätzlich eine eigene Gruppe für die Verkettung angegeben wird. Damit ist eine eindeutige Zuordnung des Materialflusses in die Struktur nicht sichergestellt.

Das Ergebnis der Untersuchungen ist daher eine neue Struktur, die eine Kombination aus komponentenspezifischer und funktionaler Aufgliederung darstellt und in der alle Systemkomponenten, die untersucht wurden, eindeutig zugeordnet werden können. Die erarbeiteten Gruppen sind:

- der Arbeitsplatzgrundaufbau,
- die Bereitstellung des Basismontageobjekts und Weitergabe,
- die Teilebereitstellung,
- die Werkstückträgerverwendung und
- die Montagebetriebsmittel (Bild 6.2).

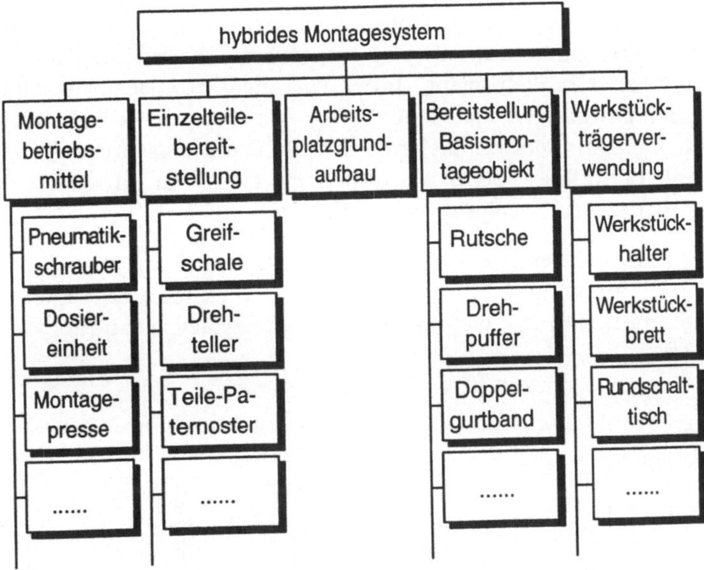

Bild 6.2: Strukturgruppen von hybriden Montagearbeitsplätzen

Mit mindestens einer Komponente aus jeder Gruppe lassen sich alle untersuchten Arbeitssysteme konfigurieren. Zusätzlich zu diesen reinen Arbeitsplatzaufbauten müssen - um die Montagestationen zu komplettieren - speziell bei höher automatisierten Zellen noch Steuerungen und Ablaufprogramme hinzugefügt werden.

Im folgenden sollen die erarbeiteten Gruppen näher erläutert werden.

6.2.1 Arbeitsplatzgrundaufbau

Jeder der in der Analyse vorgefundenen Arbeitsplätze verfügt über eine Tischfläche, die entweder zur Montage, zumindest aber zur Ablage von Teilen oder für die Teilebereitstellung genutzt wird. Findet die Montage nicht auf dem Arbeitstisch statt, kann dieser beispielsweise hinter einem Doppelgurtförderband, auf dem die Montage erledigt wird, angeordnet sein.

Die Tischfläche selbst kann dabei nach zweierlei Kriterien variabel sein: entweder ist sie in der Höhe starr beziehungsweise einstellbar oder sie kann ganz oder teilweise ausgewechselt werden (Bild 6.3). Die Auswechselbarkeit dient dabei vorrangig zur Beschleunigung von Umrüstvorgängen, da vorgerüstete Arbeitsplatten direkt ausgetauscht werden können (*Leisner 1993*). Damit lassen sich auch eventuell benötigte Spezialarbeitsplatten z. B. mit antistatischer Beschichtung auftragsspezifisch einbauen.

Eine weitere Unterscheidungsmöglichkeit, die sich jedoch nicht funktionell auswirkt, ergibt sich aus der Verschiedenartigkeit der Gestellformen, auf die die Tischplatten aufgesetzt werden.

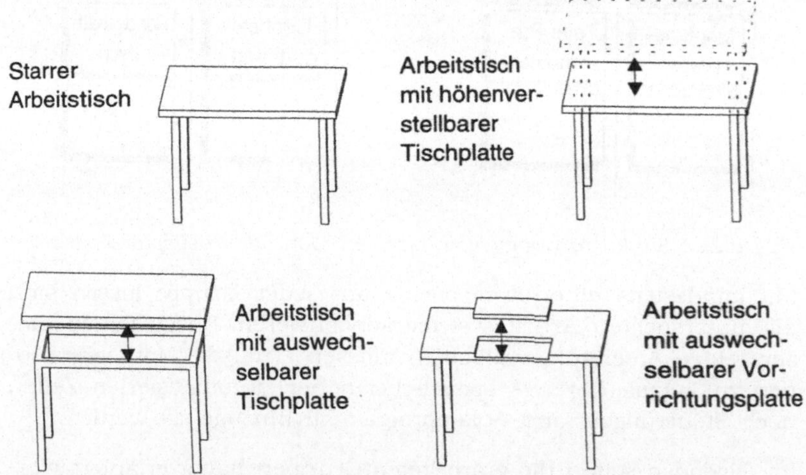

Bild 6.3: Wesentliche Gestaltungsformen von Montagearbeitstischen

6.2.2 Bereitstellung des Basismontageobjekts

Unter dem Basismontageobjekt wird das Einzelteil eines Produkts verstanden, das die Grundlage für die Montage darstellt, bzw. in das die weiteren Bauteile eingefügt werden. Zu Beginn der Montage muß es an den Arbeitsplatz gelangen und nach Abschluß des Montageschritts wieder weitergeleitet werden. Im Fall des Einzelarbeitsplatzes ist der Montageinhalt nach dem auf ihm durchgeführten Bearbeitungsschritt beendet und das Basismontageobjekt gelangt wieder in eine Ablageposition. Sofern mehrere Arbeitsplätze miteinander für die Erledigung einer Montageaufgabe verbunden sind, müssen die Basismontageobjekte nach Abschluß des Montageinhalts an einem Platz in der jeweiligen Fertigstellungsstufe an den nächsten weitergegeben werden. Für den jeweils nachfolgenden Arbeitsplatz handelt es sich wiederum um eine Bereitstellung des Bauteils, weshalb die dafür benötigten Systemelemente in der Gruppe 'Bereitstellung des Basismontageobjekts' zusammengefaßt werden sollen.

In der Analyse wurden folgende Bereitstellungsmöglichkeiten vorgefunden (Bild 6.4):

- Aufnahme aus einer Kiste/Gitterbox,
- Entnahme des Basismontageobjekts aus einer Rutsche oder einer Rollenbahn,
- Übergabe der Teile durch Ablage auf dem Tisch,
- Nutzung eines Drehtellers zur Weitergabe,
- Anlieferung über ein angetriebenes Fördersystem an den Arbeitsplatz oder
- Integration des Arbeitsplatzes in ein Fördersystem zur Montage direkt auf dem Transportsystem.

Die vorgenannten Einrichtungen werden nahezu ausschließlich für die Bereitstellung eingesetzt.

Für die Abgabe des Produkts wurden nur die Formen der Stapelung in Kisten oder Gitterboxen sowie auf Europaletten festgestellt; denkbar ist hier auch die Speicherung in Magazinen.

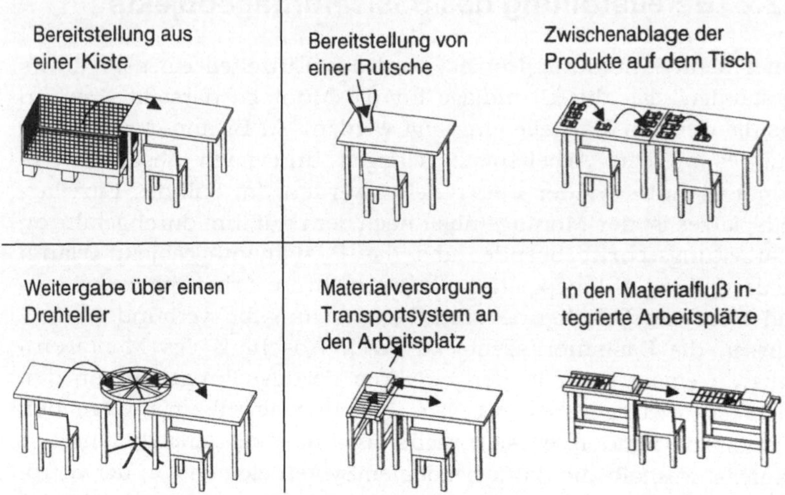

Bild 6.4: Erfaßte Bereitstellungsformen für das Basismontageobjekt

Die Auswahl der jeweils, günstigsten Bereitstellungsform ist von folgenden Faktoren abhängig:

- von der Anzahl der Weitergaben beim Durchlauf durch die Montagestufen,
- von der notwendigen Größe des Puffers, der in bestimmter Größe in jedem Bereitstellungssystem enthalten ist und
- von der Länge der Greifwege, um das Montageobjekt in den Arbeitsbereich zu bringen.

Bild 6.5 zeigt die Ergebnisse der Datenaufnahme, die damit gleichzeitig Anhaltswerte für deren wirtschaftliche Einsatzbereiche gibt.

6.2.3 Teilebereitstellung

Die Kategorie 'Teilebereitstellung' umfaßt die Einrichtungen, mit denen die Einzelteile zur Montage in das durchlaufende Basismontageobjekt am Arbeitsplatz angeboten werden können. Es lassen

	Kiste Gitterbox	Rutsche	Ablage auf Tisch	Drehteller	Tisch an Förderband	Montage auf Förderband
Weitergabe-häufigkeit pro Stunde	10-170	ca. 42	225	ca. 42	20-200	60-320
Pufferzeit in Minuten	50-1500	30-100	8-14	ca. 23	1,25-23	12-30
durchschn. Greifweg in mm.	720	450	300	600	600	0
erfaßte Einsatz-bereiche	- nur bei entkoppelten Einzel-Arbeitspl. - alle Produktgrößen	- nur für den ersten AP einer Linie als Zuführung	- bei AP mit Tischvorrichtung in Linie - wenige Einzelteile	- bei großen, unhandl. Teilen - nur innerhalb von Linien	- Verkettung manueller AP mit Automatikstation - Größerer AP-Abstand	- Anlagen mit 20 bis 80 Werkstückträgern - genaue Positionier.

Bild 6.5: *Beschreibung der Einsatzbereiche der Gestaltungsmöglichkeiten für die Bereitstellung des Basismontageobjekts*

sich bei ihr die ungeordnete und die geordnete Bereitstellung als zwei prinzipielle Formen unterschieden.

6.2.3.1 Ungeordnete Teilebereitstellung

Bei der Teilebereitstellung in ungeordnetem Zustand werden die Einzelteile in Schalen zur Montage vorbereitet. Die Unterscheidung betrifft jeweils die Position der Schalen zueinander. Aus der Datenaufnahme bei den untersuchten Firmen und aus Herstellerangaben lassen sich folgende Zusammenstellungsformen ableiten (Bild 6.6):

- Aufstellung von Greifschalen, eventuell gestapelt um die Arbeitsfläche,
- Einhängen der Schalen in ein bewegliches Gestell,
- Einhängen der Greifbehälter in einen Paternoster,
- Positionierung der Schalen auf einen manuell bewegten Drehteller und
- Nutzung eines angetriebenen Drehtellers oberhalb oder unterhalb der Tischoberfläche.

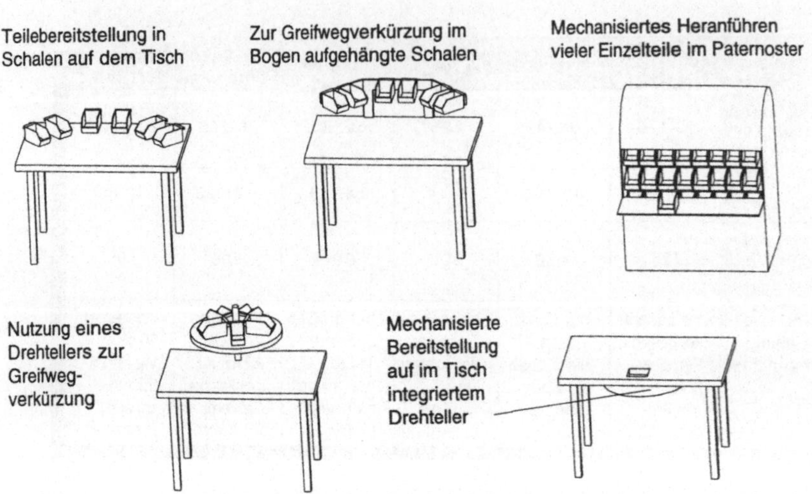

Bild 6.6: Gestaltungsformen der ungeordneten Teilebereitstellung

Die Auswahl der verschiedenen Bereitstellungsformen wird zum einen aus wirtschaftlichen Gesichtspunkten getroffen durch die entstehenden Bewegungslängen zum Greifen der Teile aus den Schalen. Das andere Kriterium besteht in ergonomischen Anforderungen. Besonders große Kostensenkungspotentiale können bei verrichtungsweiser Montage eröffnet werden. Gerade hier kann sich die Wegverkürzung durch Einsatz eines Systems, das die Einzelteile bei Bedarf nahe an die Montagestelle heranführt, soweit aufsummieren, daß sich auch aufwendigere Bereitstellungssysteme, wie Drehteller oder Teilepaternoster, rentieren.

6.2.3.2 Geordnete Teilebereitstellung

Häufig ist das Aufnehmen der Einzelteile zur Montage ein zeitintensiver Faktor innerhalb eines Montageschritts. Aus diesem Grund werden vielfach Vorrichtungen in den Unternehmen eingesetzt, die die Teile geordnet zur Abnahme zur Verfügung stellen. Den größten Anteil stellen hierbei verschiedenste Magazinformen, wie beispielsweise Stangen-, Paletten- oder Schlauchmagazine dar. Daneben können die Teile auch direkt z. B. in einem Vibrationswendelförderer und einer nachgeschalteten Linearförderstrecke mit Schikanen für die Montage vereinzelt und positioniert werden (Bild 6.7). Diese Bereitstellungsform hat neben der Erleichterung der Teileaufnahme auch den Vorteil, daß die Bauteile sehr nahe an die Montagestelle gefördert werden können.

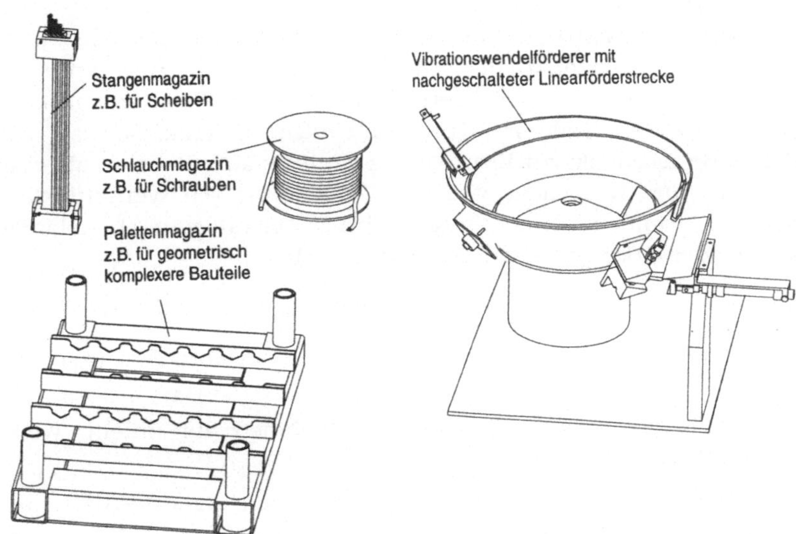

Bild 6.7: Magazinierung sowie direkte Sortierung und Vereinzelung als Möglichkeiten der geordneten Teilebereitstellung

Wirtschaftlich gesehen zeichnet sich die geordnete gegenüber der ungeordneten Teilebereitstellung unter Inkaufnahme eines höheren Vorrichtungsaufwands im wesentlichen durch die erleichterte Teileaufnahme und Vereinzelung aus. Zusätzlich kann es auch zu einer Verkürzung der Greifwege kommen. Für die manuelle oder nur mechanisierte Montage ist die Frage der Auswahl lediglich auf deren Wirtschaftlichkeit beschränkt. Bei einer Automatisierung der Montage hingegen ist eine geordnete Teilebereitstellung unabdingbar.

Bei den Auswahlüberlegungen spielt auch die Frage nach der Teilequalität eine Rolle. Speziell bei empfindlichen Bauteilen bietet sich auch die geordnete Teilebereitstellung in Magazinen an.

6.2.4 Werkstückträgerverwendung

Neben der Bereitstellung und Weitergabe des Basismontageobjekts ist auch die Handhabung des Bauteils während der einzelnen Montageschritte zu organisieren. Zumeist ist eine Montage günstig, bei der beide Hände frei von Halteaufgaben sind, so daß das Basismontageobjekt zur Bearbeitung in eine stabile Position abgelegt werden muß. Notwendig wird die Verwendung von Werkstückaufnahmen, wenn einzelne Montageschritte vollautomatisch ablaufen sollen oder hohe Präzision erforderlich ist.

Bekannte Lösungen für die Werkstückablage sind (Bild 6.8):

- einzelne Werkstückträger, gesondert oder als Vorrichtung in Verbindung mit einem Betriebsmittel,
- Anordnung mehrerer Werkstückaufnahmen auf einem 'Werkstückbrett',
- Gruppierung der Werkstückträger auf einem Rundtakttisch und
- Verwendung des Werkstückträgers eines in die Montagestation integrierten Fördersystems (z. B. Doppelgurtförderband).

Bis auf die erste Variante erfordern alle anderen Lösungen das Vorhandensein mehrerer gleicher Werkstückträger. Die dadurch entstehenden erhöhten Kosten lassen sich bei vielen Montageaufgaben dadurch amortisieren, daß ein Übergang von stückweiser zu verrichtungsweiser Montage erfolgt (*Lotter & Schilling 1994a*). 'Stückweise Montage' besagt, daß der Montageinhalt für ein Teil komplett abgeschlossen ist, bevor das nächste begonnen wird. Dabei erweist sich die Verwendung lediglich eines Werkstückträgers als günstig. Wenn der Montageinhalt für ein Produkt auf mehrere Arbeitsstationen verteilt wird, montiert die entsprechende Person nicht mehr das ganze Produkt an einem Platz, sondern erledigt nur noch einige Verrichtungen. Der Vorteil dieser 'verrichtungsweisen Montage' ist

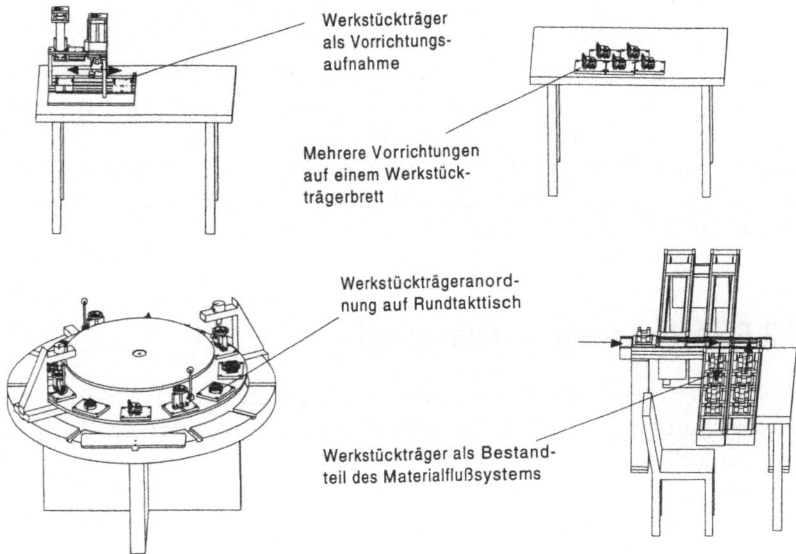

Bild 6.8: Gestaltungsformen bei der Werkstückträgerverwendung

in der Bewegungswiederholung, in den eventuell realisierbaren kürzeren Wegen, die sich aufgrund der geringeren Anzahl von Montageoperationen je Arbeitsplatz ergeben, und der besseren Auslastung der Betriebsmittel zu suchen.

In der Untersuchung einer Montageaufgabe stellen Lotter und Schilling (*1994a, S. 152*) den Vorteil einer verrichtungsweisen Montage eines Produktes auf einem Rundtakttisch gegenüber der einfachen, stückweisen Montage mit einer Zeiteinsparung von ca. 27 % dar.

Bei der Eingruppierung des Werkstückträgers auf dem Förderband, das in einen Arbeitsplatz integriert ist, entsteht eine doppelte Einstufung. Neben der Aufnahme in die Gruppe der 'Werkstückträger' kann dieser als Bestandteil des Fördersystems auch in der Gruppe 'Bereitstellung des Basismontageobjekts' eingereiht werden. Definitionsgemäß exakt müßte dabei der in die Station einfahrende Werkstückträger der Gruppe 'Bereitstellung' zugeordnet werden. Dagegen ist der im System befindliche und positionierte Werkstückträger in der anderen Gruppe einzugruppieren. Im Falle eines Montagesystems mit Doppelgurtförderband, das mehrere Arbeitsplätze umfaßt, existiert tatsächlich nur ein Systemelement und die Zuordnung kann nicht eindeutig erfolgen. Bei der Verwendung eines Arbeitsplatzes mit mäanderförmigem Werkstückträgerumlauf zur verrichtungsweisen Montage ohne direkte Ankoppelung zu weiteren Arbeitsplätzen muß jedoch das Materialflußsystem eindeutig zur Gruppe der Werkstückträger gerechnet werden.

6.2.5 Montagebetriebsmittel

In den vorangegangenen Abschnitten wurde die Strukturierung der Arbeitssystemelemente vorgenommen, die für die peripheren Einrichtungen des Arbeitsplatzes benötigt werden. Zur Durchführung der Montageprozesse selbst kann der Mensch durch die eigentlichen Montagebetriebsmittel auf verschiedenen Automatisierungsstufen unterstützt werden. Bei der rein manuellen Montage werden dazu in den meisten Fällen einfache Handwerkzeuge, wie Zangen und Schraubendreher eingesetzt. In der hybriden Montage, die für diese Arbeit den wesentlichen Untersuchungsbereich darstellt, werden die Montagetätigkeiten in Abhängigkeit von der Wirtschaftlichkeit durch mechanisierte und teilautomatisierte Einrichtungen (z. B. Pressen oder Dosiergeräte) erledigt. Beim Übergang zur Vollautomatisierung werden die zumeist aus Gründen der Wirtschaftlichkeit vorerst beim Menschen verbleibenden Tätigkeiten der Handhabung und der Kontrolle durch ein Handhabungsgerät und entsprechende Sensorik übernommen.

Die Montagebetriebsmittel stellen gerade im teilautomatisierten Bereich einen wesentlichen Anteil an den Investitionskosten für ein Arbeitssystem dar. Auch für sie gelten die abgeleiteten Rationalisierungspotentiale durch Flexibilisierung, weshalb sie im folgenden intensiver als die bisherigen Bereiche betrachtet werden sollen.

6.2.5.1 Untersuchung bekannter Montagebetriebsmittel

Auch hier soll mit einer Analyse der bekannten und industriell eingesetzten Betriebsmittel aus dem Bereich der Kleingerätemontage begonnen werden. Es wird dabei angenommen, daß prinzipiell mit den angebotenen Systemen alle in der Produktion vorkommenden Problemstellungen bewältigt werden können.

Das Vorgehen bei der Erfassung der Betriebsmittel richtet sich nach den in der DIN 8593 aufgeführten Fügeverfahren. Im Bild 6.9 sind dazu in den oberen drei Reihen die Fertigungsverfahren - detailliert für den Bereich Fügen - dargestellt. Anhand dieser Verfahren wurden in einer Sichtung von Informationsmaterialien der Hersteller die bekannten Betriebsmitteltypen ermittelt und in der unteren Reihe des Bildes zusammengestellt.

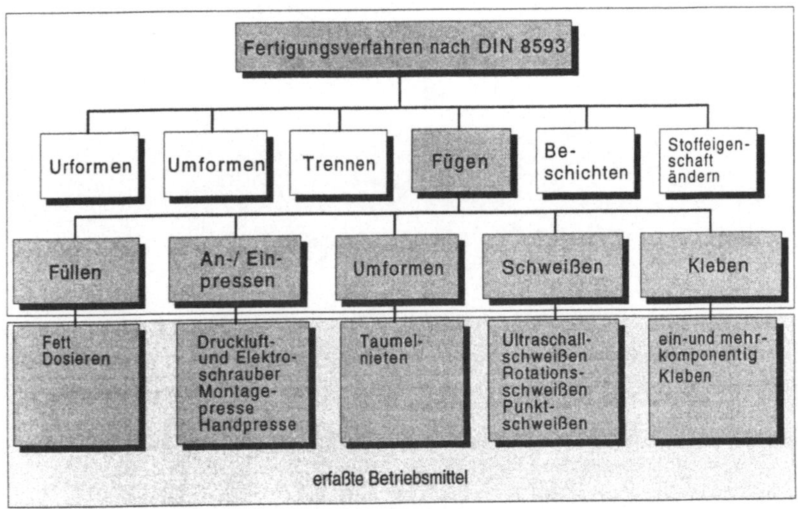

Bild 6.9: Einordnung der untersuchten Betriebsmittel nach DIN 8593

Jedes der ermittelten Betriebsmittel läßt sich in einem zweiten Schritt in Komponenten gliedern, aus welchen es zusammengesetzt ist. Zum Beispiel besteht eine automatische Montagepresse in der maximalen Ausbaustufe aus folgenden Elementen (siehe Bild 6.10):

- Positionsgeber (1),
- Drucksensor (2),
- aufgabenspezifisches Werkzeug (3),
- Zweihandauslösung (4),
- Druckzylinder (5),
- Grundgestell (6) und
- Ablaufsteuerung (7).

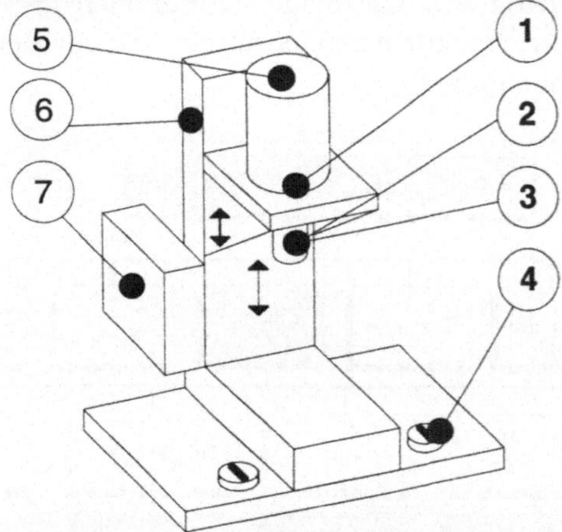

Bild 6.10: Bestandteile einer Montagepresse

Bei der Punktschweißvorrichtung (Bild 6.11) als zweitem Beispiel ist das Betriebsmittel aus einem Grundgestell (2), einem Druckzylinder (1) sowie einer Zweihandsteuerung (5) aufgebaut. Weiterhin werden zusätzlich Kupferelektroden (3), Schweißkabel (4) und eine Stromsteuerung (6), die die Informationen über die Ablaufsteuerung (7) erhält, benötigt.

Nach dieser ersten Zerlegung der Betriebsmittel in die erkannten prinzipiellen Funktionseinheiten können diese im nächsten Schritt weiter detailliert aufgegliedert und deren Einzelfunktionen sowie die dazugehörigen Einrichtungen erarbeitet werden. Zum Beispiel sind

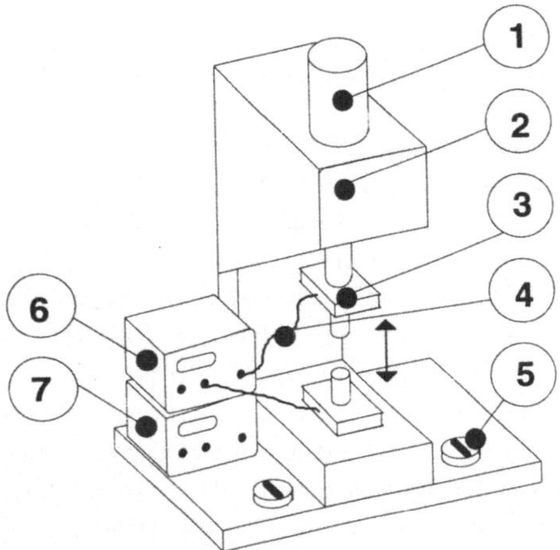

Bild 6.11: Komponenten einer Punktschweißvorrichtung

an einem Druckzylinder, der in der ersten Zerlegung als Modul definiert worden ist, in der Regel an den Enden jeweils induktive Sensoren zur Meldung der Schubstangenposition an die Ablaufsteuerung angebracht. Hierbei erhält man bei der Betrachtung aller analysierten Betriebsmittel eine sehr hohe Zahl an verschiedenen Komponenten, die jedoch häufig ähnliche oder gleiche Funktionen aufweisen.

Zur Abstrahierung der verschiedenen Ausprägungen für die erkannten Funktionsträger werden diesen jeweils Symbole zugeordnet. In der DIN 30600 sind für die meisten der benötigten Funktionen bereits Symbole definiert, die von dort übernommen werden. Zwar sind in der DIN die Symbole von Funktionen und Funktionsträgern vermischt, sie können jedoch trotzdem verwendet werden, da die Funktionsträger nur jeweils bezüglich einer Funktion spezifiziert sind. Für die übrigen Funktionen sind entsprechende Symbole neu geschaffen worden; sie sind in der Numerierung mit einem Stern gekennzeichnet.

Nach dieser Abstrahierung verbleiben insgesamt 38 Symbole für Funktionen oder Funktionsträger, mit denen prinzipiell alle erfaßten Betriebsmittel konfiguriert werden können, sofern die Komponenten kompatibel sind.

6.2.5.2 Definition von Betriebsmittelkomponenten

Die Zielsetzung der Strukturierung besteht in der Ableitung von definierten Baugruppen, aus welchen sich die verschiedenen eingesetzten Betriebsmittel unter Beachtung eines veränderlichen Automatisierungsgrades konfigurieren lassen. Die bisher ermittelte Anzahl von 38 Elementen stellt sich bei einer Verwendung als jeweils eigene Baugruppe für den praktischen Einsatz sehr hoch dar. Deshalb sollen sie im folgenden unter funktionalen und geometrischen Gesichtspunkten zu Baukastenmodulen zusammengefaßt werden. Diese Module sollen jedoch so wenig wie möglich auf einen speziellen Betriebsmitteltyp zugeschnitten sein, damit sich bereits bei der Strukturierung eine weitgehende Produkt- und Aufgabenneutralität und in der Folge eine gute Mehrfachverwendbarkeit ergibt.

Bei der wiederum als Beispiel verwendeten Montagepresse können vier solcher Module abgeleitet werden (Bild 6.12):

- das Modul 'L-Gestell', welches das Grundgestell für das gesamte Betriebsmittel umfaßt.
- das Modul 'D1', welches für das Aufbringen von Druckkräften eingesetzt wird. Bei diesem Modul sind neben dem Zylinder als Funktionsträger zum Aufbringen der Druckkraft auch die peripheren Einrichtungen Drosselventil, Positionsgeber und Druckmessung integriert. Als weitere Funktionalität übernimmt der Druckzylinder auch den vertikalen Vorschub.
- das Modul 's1', in welchem die Steuerungsfunktionen zusammengefaßt sind. Dazu gehören die Zweihandsteuerung, das Ansteuerventil, ein Druckminderer und eine Zeitvorwahlmöglichkeit sowie die Ablaufsteuerung.
- das Modul 'Wz'. Das als Modul 'Wz' bezeichnete Element ist das individuelle Werkzeug, das zur Montage an den Pressenstößel angefügt wird.

Um alle Betriebsmittel im Bereich der Kleingerätemontage aus den definierten Baukastenmodulen aufbauen zu können, sind nach Abschluß der Bildung von funktionalen Einheiten insgesamt 29

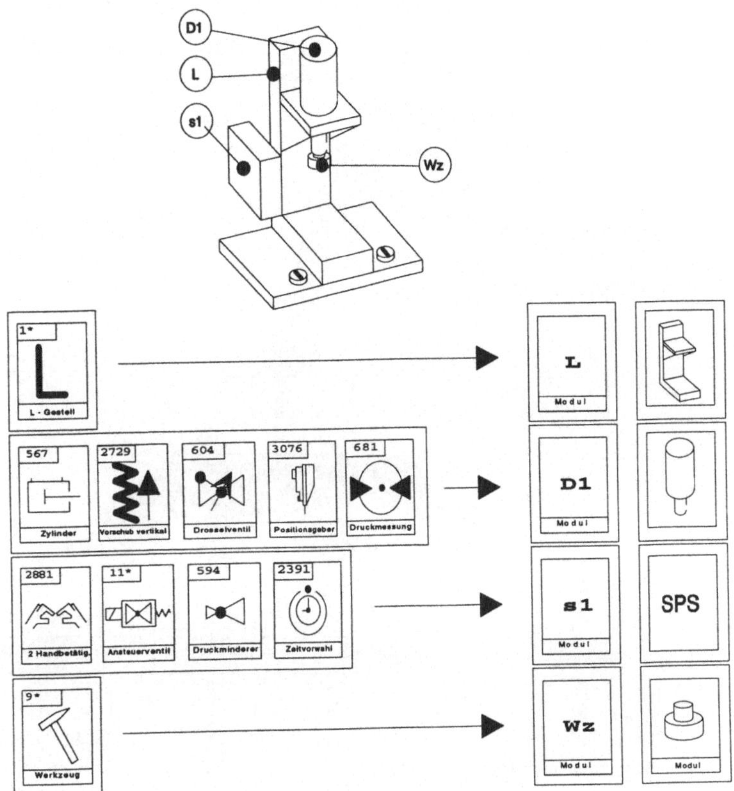

Bild 6.12: Ableitung von Modulen am Beispiel Montagepresse

Module nötig. Einige Module sind von ihrer Funktionsweise her identisch, unterscheiden sich jedoch durch ihre verschiedenen Leistungsfähigkeiten. Durch eine vergleichende Bewertung der Leistungsdaten muß daher abgewägt werden, welche Komponenten durch geringfügige Anpassung für mehrere Betriebsmittel eingesetzt werden können. Speziell bei Druckzylindermodulen, bei Drehantrieben und bei den Steuerungen können ohne große Einschränkungen mehrere Leistungsstufen zusammengefaßt werden, so daß eine Gesamtzahl von 22 Modulen übrig bleibt, aus denen alle erfaßten Betriebsmittel konfiguriert werden können (Bild 6.13).

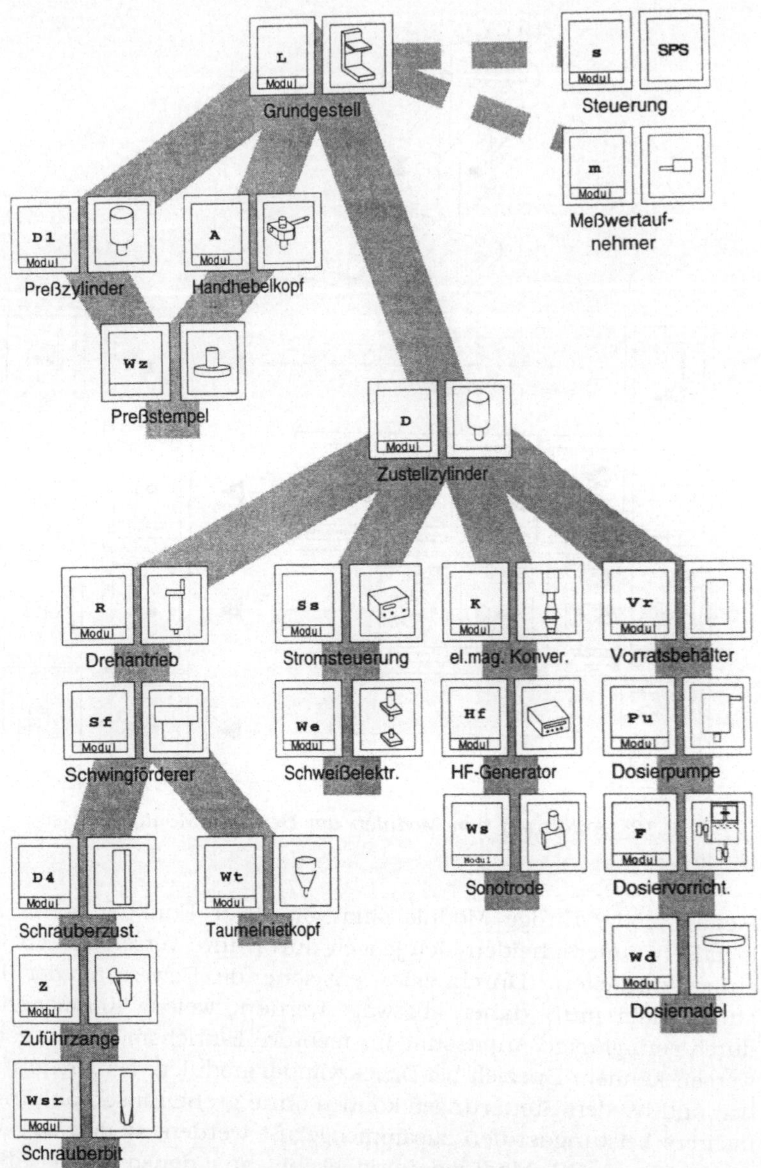

Bild 6.13: 22 Strukturmodule des Betriebsmittelbaukastens

6.3 Gestaltung des Baukastens für flexible, hybride Montagearbeitsplätze

Aufbauend auf der Strukturierung im vorherigen Abschnitt sollen nun beispielhaft anhand von Pilotaufbauten die Richtigkeit der gewählten Module beziehungsweise die richtige Lage der Schnittstellen und die gesamte Funktion des Konzeptes überprüft werden.

Für jede Strukturgruppe sind hierzu einige der darin befindlichen Komponenten realisiert und die Standardschnittstellen zwischen den Bestandteilen des Montagesystems definiert worden. Bild 6.14 zeigt eine Beispielkonfiguration aus verschiedenen, realisierten Komponenten entsprechend der Strukturdarstellung in Bild 6.2.

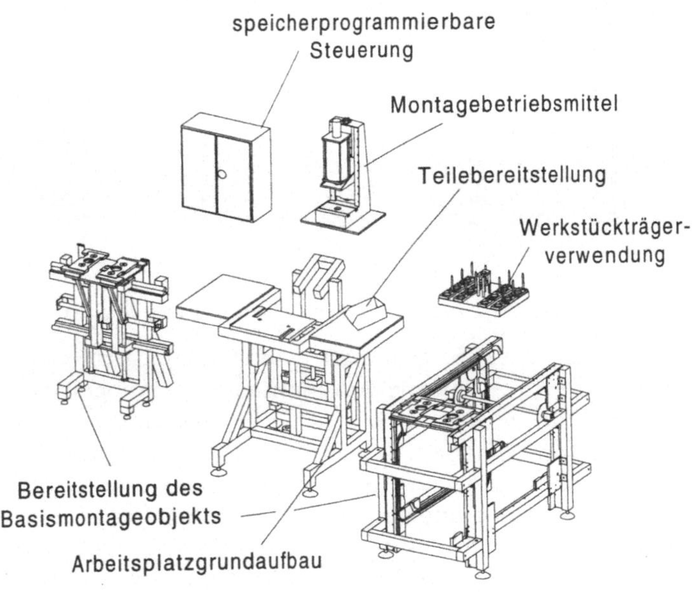

Bild 6.14: Bestandteilegruppen des realisierten Baukastensystems

Die im obigen Bild dargestellten Gruppen und deren Komponenten sollen im folgenden näher beschrieben werden.

6.3.1 Arbeitsplatzgrundaufbau

Den Kern aller zu realisierenden Montagesysteme innerhalb des Baukastensystems stellt der Arbeitsplatzgrundaufbau dar. Er besteht aus dem Grundgestell und einem in der Höhe verstellbaren Tischaufsatz (Bild 6.15). Die Höhenverstellung reicht von einer Tischhöhe von 905 mm bis 1050 mm. Dies deckt gemäß DIN 33406 den Einstellbereich für einen Sitzarbeitsplatz der 5-Perzentil-Frau bis zum Steharbeitsplatz des 95-Perzentil-Mannes ab, wenn zur Arbeitsflächenhöhe noch die Werkstückhöhe addiert wird.

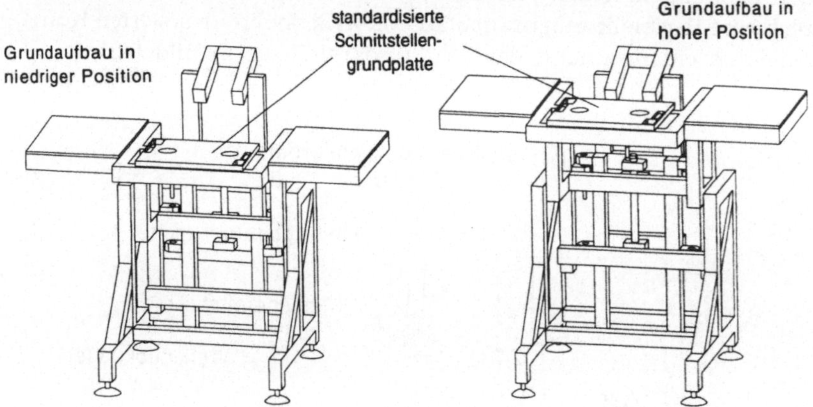

Bild 6.15: Höhenverstellbare Arbeitsfläche des Grundaufbaus

Zentral auf der Tischoberfläche ist eine standardisierte Schnittstellengrundplatte zur Aufnahme von Montageeinrichtungen verschieblich im Abstand zum Menschen sowie im Drehwinkel verstellbar fixiert. Diese Einstellbarkeit dient zur weiteren Anpassungsfähigkeit des Grundarbeitsplatzes an die individuellen Bedürfnisse der daran arbeitenden Personen und an die vom Montageablauf günstigsten Anordnungen (Bild 6.16). Auf die entwickelte Standardschnittstelle lassen sich je nach Bedarf eine große Montagevorrichtung, zwei kleine oder auch eine Abdeckplatte, falls eine Positionierung oder Fixierung eines produktspezifischen Werkzeuges im Hauptarbeitsbereich nicht notwendig ist, aufsetzen. Über die Standardschnittstellen kann ebenso eine Energie- und Signalversorgung an die

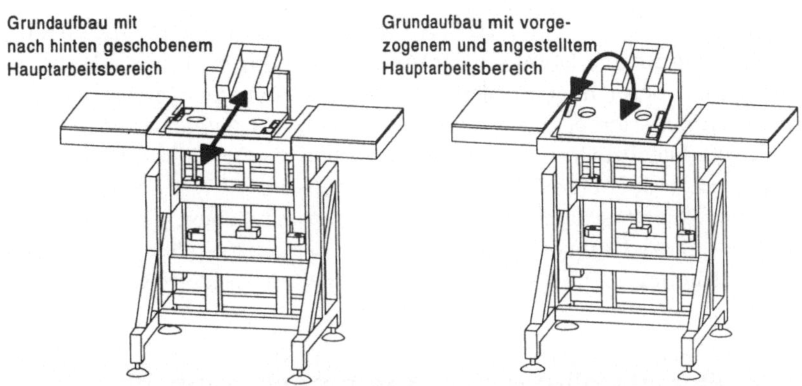

Bild 6.16: Horizontale Verschiebemöglichkeit und Winkelverstellung der zentralen Schnittstelle

Montagebetriebsmittel erfolgen, da deren Gestaltung neben der Positionierung der Betriebsmittel auch eine Kupplung der Leitungen für Druckluft und Strom zwischen Grundarbeitsplatz und Vorrichtung zuläßt.

Seitlich sind sowohl am in der Höhe fixen Teil des Grundaufbaus wie auch am höhenverstellbaren Aufsatz weitere Schnittstellenelemente angebracht, in die Peripheriekomponenten eingehängt werden können.

Dem Arbeitstischaufbau sind weiterhin Einrichtungen zur Steuerung und Energieversorgung der mechanisierten und automatisierten Arbeitsschritte bzw. deren Betriebsmittel zugeordnet. Zum einen sind dies eine speicherprogrammierbare Steuerung (SPS) für die Kontrolle des Prozessablaufs und zum anderen Ventilinseln, mittels welcher die Signale der SPS in pneumatische Energie umgesetzt werden.

Neben der fest installierten Not-Aus-Funktion können individuell weitere Eingabegeräte zur Informationsweitergabe an die Steuerung angeschlossen werden. Ferner kann die SPS neben der Schaltung der Ventilinseln auch die Steuerung anderer Aktoren und der daran angeschlossenen Zylinder übernehmen.

Der Grundaufbau ist in dieser Ausbaustufe noch nicht spezifisch auf eine Montageaufgabe zugeschnitten und kann damit als produktneutral bezeichnet werden. Erst die Kombination mit weiteren Einrichtungen richtet das System spezifisch auf die geforderte Aufgabe aus. Die Integration der Steuerungselemente in den Grundaufbau trägt darüberhinaus dazu bei, daß der dauerhaft genutzte Anteil am Arbeitssystem groß ist und die zusätzlichen, produktspezifischen Einrichtungen vom Volumen her im Vergleich zu den bisher üblichen Betriebsmitteln klein gehalten werden können.

6.3.2 Bereitstellung des Basismontageobjekts und Weitergabe

Ebenso wie der Grundaufbau können die Bereitstellungseinrichtungen für das Basismontageobjekt weitgehend produktneutral gehalten werden. Lediglich aufgesetzte Werkstückträgereinsätze sind eventuell produktspezifisch ausgelegt. Dies ergibt sich aus der Betrachtung der erfaßten, industriell eingesetzten Ausprägungsformen in Kapitel 6.2.2.

Für die Entwicklung der Baukastenmodule dieser Gruppe müssen die Schnittstellen zum Grundarbeitsplatz festgelegt werden. Dafür sind vier Formen der Anbindung, die sich aus der Gestalt der Vorrichtungen ergeben, denkbar:

- Die Bereitstellungseinrichtung kann in die Schnittstelle des höhenverstellbaren Teils des Arbeitstisches eingehängt werden.
- Die Bereitstellungseinrichtung wird an die Schnittstelle des fixen Grundgestells montiert, damit sie sich immer auf gleicher Höhe befindet (z. B. eine Rollenbahn mit Gefälle).
- Die Bereitstellungseinrichtung wird auf eine bereitzustellende Nebenarbeitsfläche gestellt, wie zum Beispiel eine Gitterbox oder eine Rutsche.
- Die Bereitstellungseinrichtung, etwa ein Drehpuffer, ist unabhängig vom Grundaufbau und wird nur beigestellt.

Auf der Seite des Grundaufbaus sind diese vier Ankopplungsvarianten vorgesehen, Anhand dieser müssen die Konstruktionen der Bereitstellungseinrichtungen ausgelegt werden. Für einen schnellen Wechsel der Arbeitsplatzkonfigurationen müssen alle Module an den Schnittstellen durch Einhängen und Sichern einfach und innerhalb kurzer Zeit fixiert werden können, was bei den Pilotaufbauten in weniger als einer Minute möglich ist. Bild 6.17 zeigt beispielhaft Einrichtungen für die Bereitstellung eines Gebindes in vier Varianten: auf einer erweiterten Tischoberfläche mit oder ohne Anlieferung der Basismontageobjekte auf Werkstückträgern (Drehteller), über einen Verschiebetisch sowie über einen Paternoster, der gleichzeitig mit der Teileanlieferung und dem -abtransport auch eine Pufferfunktion zur Entkopplung der Arbeitsplätze übernehmen kann.

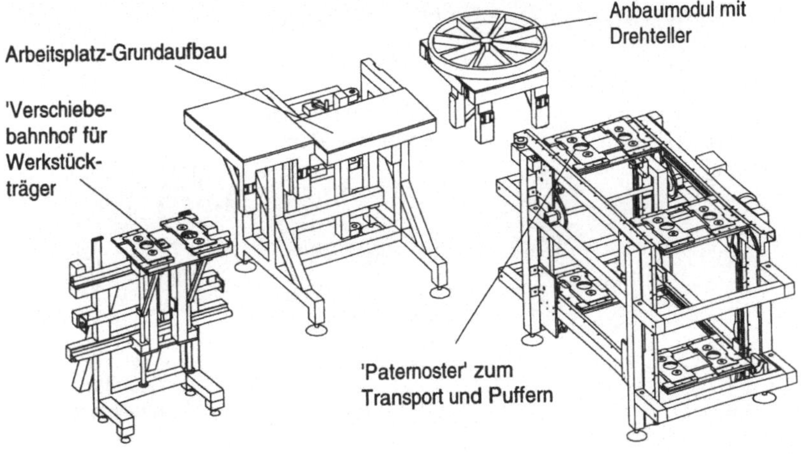

Bild 6.17: Realisierte Baukastenelemente für die Bereitstellung des Basismontageobjekts

Die mechanisierten oder automatisierten Bereitstellungseinrichtungen sind in sich autark und benötigen zur Inbetriebnahme nur eine Energieversorgung sowie eine Verbindung zur Steuerung des Grundarbeitsplatzes.

6.3.3 Teilebereitstellung

Bei der Teilebereitstellung ist die Anzahl der Ausführungsformen gegenüber der für die Einrichtungen zur Bereitstellung des Basismontageobjekts geringer. Je nachdem, ob die Einrichtungen positioniert und/oder mit Energie beziehungsweise Signalen auszustatten sind, können sie entweder

- einfach auf die Tischplatte im Haupt- oder Nebenarbeitsbereich aufgesetzt oder
- über die Standardschnittstellen mit dem Grundaufbau verbunden werden. Die Nebenarbeitsflächen, die als Einhängemodule bereits im letzten Abschnitt vorgestellt wurden, lassen sich dazu ebenfalls mit Standardschnittstellen, die über den Grundaufbau angesteuert werden, ausrüsten (Bild 6.18).

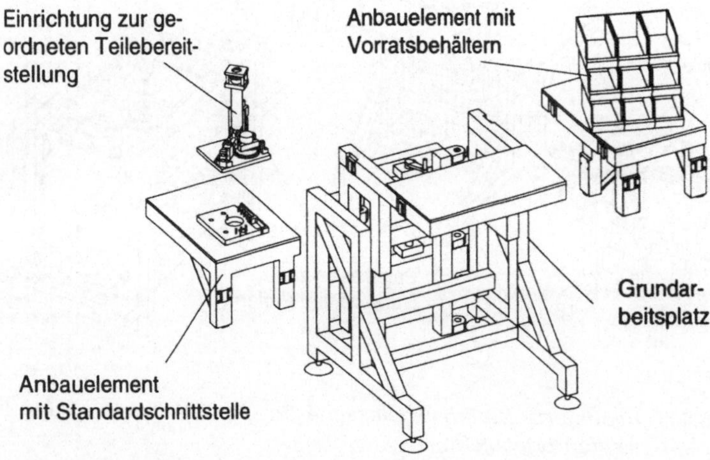

Bild 6.18: Beispiele für die Teilebereitstellungsmöglichkeiten im Baukastensystem

Die ungeordnete Bereitstellung in Kisten oder Greifschalen ist produktneutral. Bei ihr ergibt sich die Einsatzfähigkeit eines Systems ausschließlich über die Produktgröße und die Anzahl der Stücke.

die vorzuhalten sind. Dies bedeutet im Endeffekt das Kriterium 'Schalengröße'.

Die geordnete Teilebereitstellung ist demgegenüber bisher rein produktspezifisch ausgelegt. Allerdings gibt es hier auch bereits Ansätze, die kostenintensiven Ordnungsgeräte über ein Baukastensystem flexibel verwendbar zu machen (*Rockland 1995*). Innerhalb dieser Betrachtungen sollen diese Geräte nicht weiter untersucht werden.

6.3.4 Montagebetriebsmittel

Die Ausgangsbasis für die Konzeption des Betriebsmittelbaukastens als Untergruppe im modular aufgebauten Montagesystem bilden die in Kapitel 6.2.5.2 entwickelten 22 Grundmodule, aus welchen sich alle wichtigen Betriebsmittel zusammenstellen lassen.

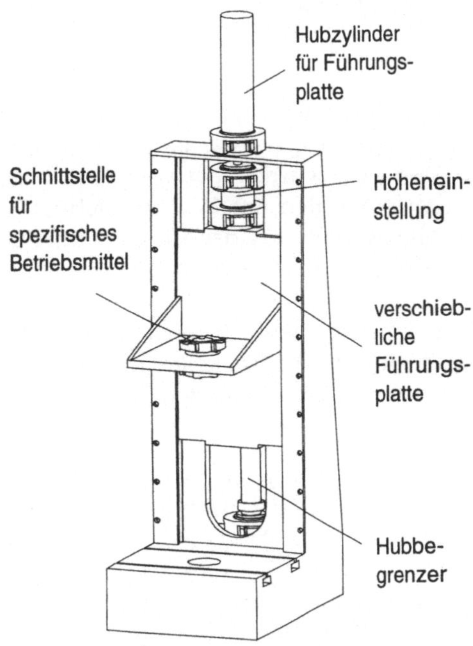

Bild 6.19: Grundgestell als Basis für die Montagebetriebsmittel

Das Grundgestell für alle Betriebsmittel ist das in Bild 6.19 abgebildete L-Gestell, das mit seinem Boden auf einer Standardschnittstelle am Grundaufbau des Arbeitsplatzes positioniert wird. Am Grundgestell befinden sich des weiteren Anflanschpunkte für die Ausstattung des Betriebsmittels mit den anderen Modulen. Dazu wurde eine weitere Standardschnittstelle

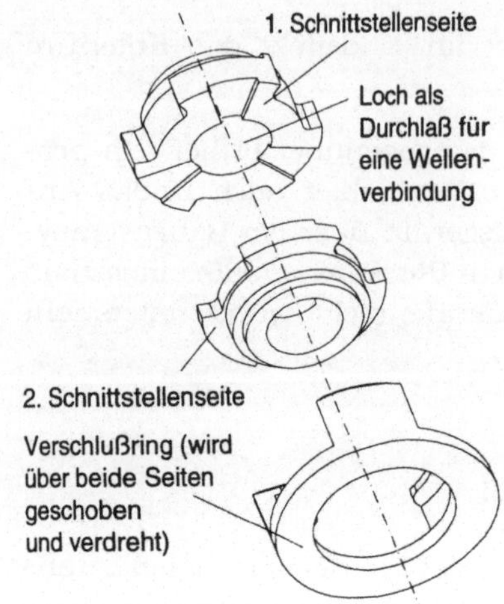

Bild 6.20: Gestaltung einer Standardschnittstelle

(Bild 6.20) konstruiert, die durch einen Bajonettverschluss die Verbindung der Einzelmodule ermöglicht. Die Wahl dieser aufwendigen Kupplungsform basiert auf der Forderung nach schneller Wechselbarkeit, die bei der ausgeführten Konfiguration auch in weniger als einer Minute erreicht wird. Mit dieser Schnittstelle sind alle direkt mit dem Betriebsmittel verbundenen Module des Baukastens ausgestattet.

Neben dem L-Gestell sind die Module der Betriebsmittelkomponenten des Baukastens, die geometrisch direkt an das Betriebsmittel gebunden und nicht rein produktspezifisch sind, ausgestaltet worden. Von den erarbeiteten 22 Modulen wurden dazu alle spezifischen Werkzeuge - bei den Strukturmodulen mit 'W...' bezeichnet - ausgenommen, da sie nur in Abhängigkeit von der Montageaufgabe zu definieren sind. Weiter sind die Module 'Steuerung', 'Sortiereinrichtung' sowie 'Förderpumpe' und 'Vorratsbehälter' bei den Dosiereinrichtungen nicht notwendigerweise geometrisch direkt an das Betriebsmittel gekoppelt und daher nicht in die Baukastenkonstruktion mit aufgenommen. Damit verbleiben 12 ausgestaltete Module, die in Bild 6.21 dargestellt sind.

In der Darstellung sind nur die jeweils für die höchste Automatisierungsstufe eines Betriebsmittels benötigten Module abgebildet. Zusätzliche Module werden notwendig, wenn beispielsweise ein Automatikzuführschrauber nicht fest auf das Gestell montiert werden soll, sondern als handgeführter Zuführschrauber eingesetzt wird. In diesem Fall wird ein manuell bedienter Schraubspindelvorschub benötigt.

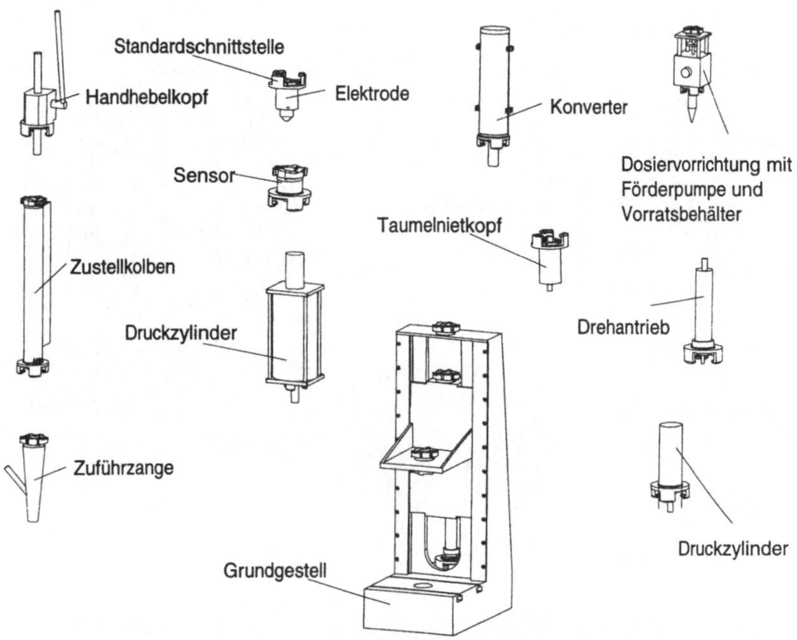

Bild 6.21: Ausgestaltete Elemente des Betriebsmittelbaukastens

Aus den beschriebenen Modulen lassen sich alle Betriebsmittel zusammenstellen, die als häufig verwendet erkannt wurden. Beispielhaft sind in Bild 6.22 eine Montagepresse, eine Taumelnietvorrichtung und eine Fettdosiereinrichtung dargestellt.

Zur Funktionsverifikation wurde das Baukastensystem für eine Schrauberfamilie realisiert, wobei hier auch die Möglichkeiten der Verwendung des Baukastensystems auf verschiedenen Automatisierungsstufen deutlich gemacht werden können. Auf der ersten Stufe wird der einfache, pneumatisch betriebene Handschrauber eingesetzt, der aus dem produktneutralen Drehantrieb und einem an die Standardschnittstelle angeflanschten, spezifischen Schrauberbit konfiguriert wird. Er kann durch Hinzufügen des Moduls für den manuellen Schraubspindelvorschub und dem Austausch des Schrauberbits gegen eine Zuführzange ausgebaut werden. Bei der zweiten Automatisierungsstufe wird somit die Schraube automatisch

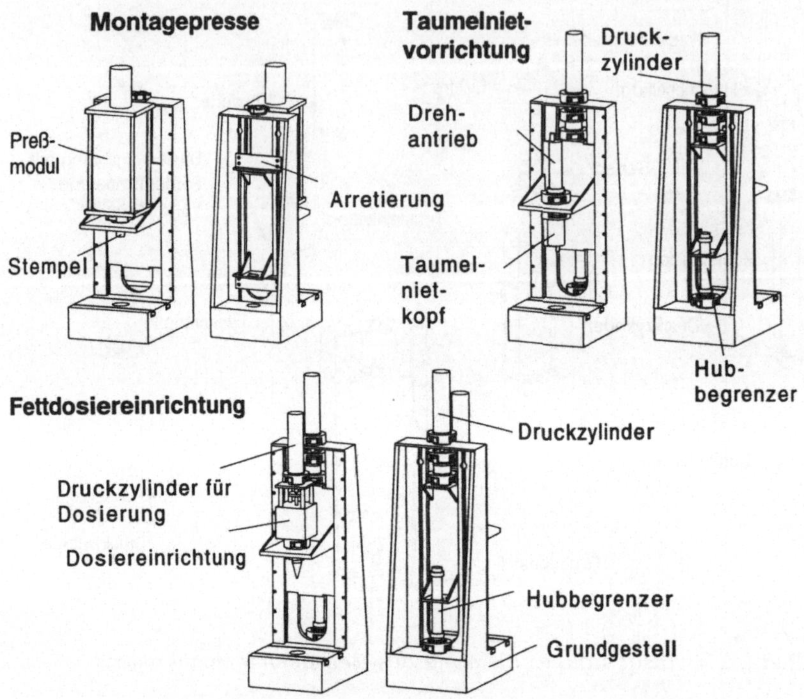

Bild 6.22: Beispielhafte Zusammenstellungen von Montagebetriebsmitteln aus dem Baukasten

zugeführt (Bild 6.23). Die Schraube muß dazu zusätzlich über eine bereitzustellende Sortiervorrichtung vereinzelt werden, bevor sie in einem Schlauch in die Zuführzange eingeschossen wird. Der letzte Automatisierungsschritt kann vollzogen werden, wenn auch der Schraubvorgang selbst automatisiert wird. Der manuelle Schraubspindelvorschub muß dafür gegen einen automatisch betriebenen ausgetauscht und der gesamte Schrauber auf ein - hier vereinfacht aufgebautes - Grundgestell montiert werden. Je nach Anforderung lassen sich auch in jeder Automatisierungsstufe ein oder mehrere Sensormodule zwischen Drehantrieb und dem restlichen Schrauber zwischenschalten, um den Schraubprozeß zu überwachen.

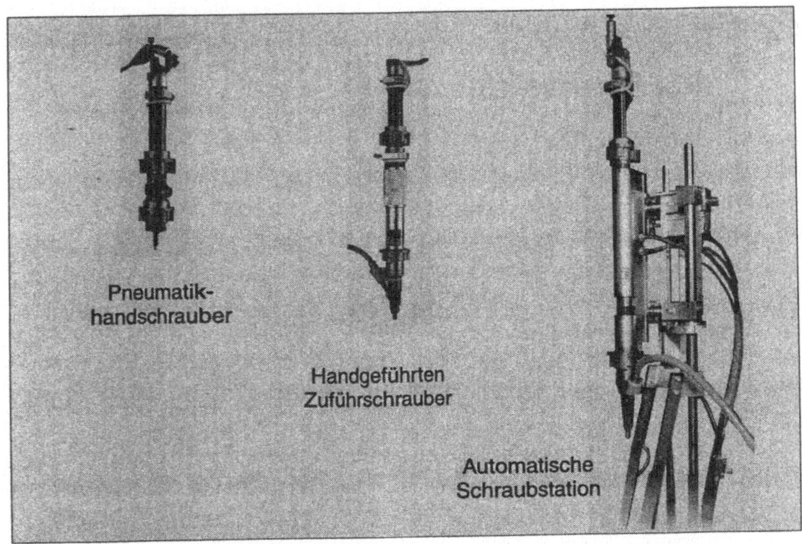

Bild 6.23: Realisierte Baukastenelemente für Schrauber auf verschiedenen Automatisierungsstufen

6.3.5 Werkstückträger

Die Werkstückträger stellen prinzipiell produktspezifische Elemente dar. Es sind jedoch produktneutrale Trägerelemente vorstellbar, wenn mehrere Werkstückträger auf einem Modul zusammengefaßt sind. Dies ist insbesondere an einem kostenintensiven Rundtakttisch sinnvoll. Auf ihn lassen sich individuell die spezifischen Vorrichtungen montieren.

Der Rundtakttisch benötigt neben einer exakten Positionierung auch eine Versorgung mit Energie und Signalen. Er wird deshalb innerhalb des Baukastensystems auf die zentrale Standardschnittstelle auf dem Grundaufbau des Arbeitsplatzes gesetzt. Ebenso lassen sich beispielsweise automatisch verriegelnde Werkstückträger über die Standardschnittstelle versorgen. Einfache Vorrichtungen ohne Aktorik und Sensorik können dagegen durch Absetzen auf der Tischoberfläche in das Arbeitssystem eingebracht werden.

6.4 Standardzusammenstellungsvarianten des Baukastensystems

Das bisher erarbeitete Baukastensystem stellt die Basis für den Aufbau verschiedenster vorstellbarer Arbeitsplatzkonfigurationen dar. Wenn jedoch für jede Aufgabe das Montagesystem von Grund auf neu konfiguriert werden muß, ist mit großem Planungs- und Umrüstaufwand zu rechnen. Zur Vereinfachung können Standardgrundausrüstungen gefunden werden, mit denen die meisten Arbeitsplatzausrüstungen beschleunigt konfiguriert werden können. Für einen Rüstvorgang brauchen dann nur noch die Einzelteile sowie die jeweils benötigten Betriebsmittel auf den in seiner Standardzusammenstellung bereits vorbereiteten Arbeitsplatz aufgesetzt werden. Eventuell müssen für die automatisierten Vorgänge noch entsprechende Ablaufprogramme in die Steuerung des Grundarbeitsplatzes geladen werden. Typische Konfigurationen lassen bei einer weiteren Untersuchung innerhalb der Analyse von 75 Arbeitsplätze definieren, die in Kapitel 6.2 beschrieben wurde. Anhand einer Realisierung dieser Ausprägungsformen können auch die individuellen Konfigurationsmöglichkeiten der Bestandteile des Arbeitssystems beispielhaft verifiziert werden.

Bei den während der Datenaufnahme für die Strukturuntersuchung erfaßten Arbeitsplätze lassen sich fünf Gestaltungsformen unterscheiden. Es sind dies

- der einfache Handarbeitsplatz mit geringen Zusatzeinrichtungen, alleinstehend oder in einer Linie,
- der mechanisierte oder teilautomatisierte Handarbeitsplatz, der mit mehreren verschiedenen Einrichtungen ausgerüstet ist,
- der Handarbeitsplatz, der an einem automatisierten Materialflußsystem positioniert ist, so daß der daran arbeitende Mensch sich Einzelteile oder Gebinde vom Fördersystem auf seinen Arbeitsplatz umsetzen kann,
- der Arbeitsplatz als Bestandteil des Materialflußsystems, wobei die Arbeitsstelle mit weiteren Funktionen ausgestattet ist, und
- spezifische Sonderbauformen.

Bild 6.24 zeigt die Verteilung der eingesetzten Bauformen prozentual bezüglich gesamten Anzahl. Die Sonderbauformen nehmen einen geringen Anteil von ca. 12 Prozent ein, woraus abgeleitet werden kann, daß mit den anderen vier Grundkonfigurationstypen die Mehrheit der Aufgabenstellungen zu bewältigen ist.

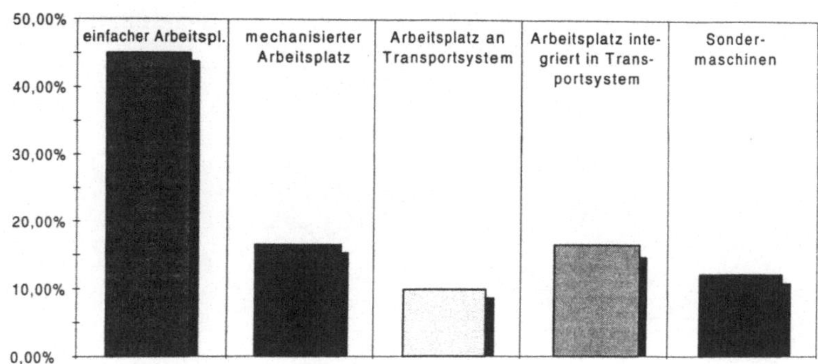

Bild 6.24: Häufigkeitsverteilung der Arbeitsplatzgrundtypen bei den untersuchten Montagearbeitsplätzen

Die ermittelten Standardkonfigurationen sollen im folgenden näher beschrieben werden.

6.4.1 Einfacher Handarbeitsplatz

Der einfache Handarbeitsplatz besteht typischerweise aus einem Arbeitstisch, auf dem ein Montagewerkzeug aufgesetzt ist. Der Arbeitstisch ist dazu für die Positionierung des Betriebsmittels mit einem Vorrichtungsanschluß ausgestattet. Zwei Vorratsbehälter, in die mehrere Greifschalen integriert sein können, beinhalten die Einzelteile, die in die Basismontageobjekte zu montieren sind. Die Basismontageobjekte gelangen über Transportbehältnisse, wie Gitterboxen, Kisten oder Drehteller, an den Arbeitsplatz und werden entsprechend wieder in eine zweite Box oder ähnlichem weitergegeben. Zusätzlich ist an den Arbeitsplätzen vielfach an einem Balancer ein Montagewerkzeug, wie ein Pneumatikschrauber angebracht (Bild 6.25).

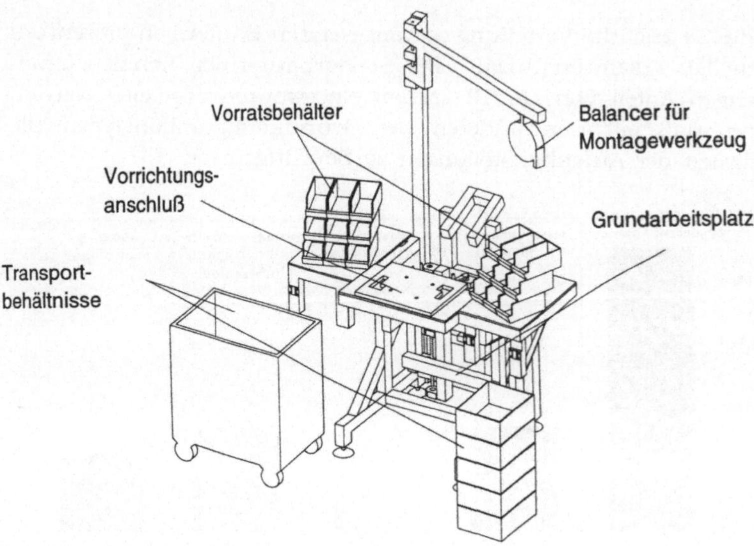

Bild 6.25: Aus dem Baukastensystem aufgebauter, einfacher Handarbeitsplatz

Bei allen in der angesprochenen Untersuchung erfaßten Arbeitsplätzen, die der Kategorie der einfachen Handarbeitsplätze zuzuordnen sind, wurde ein Vergleich der benötigten Ausrüstungsgegenstände mit den Einrichtungen durchgeführt, die als Standardausrüstung innerhalb dieser Kategorie zur Verfügung gestellt werden.

Bei 95 Prozent der Arbeitsplätze wird der oben erwähnte Vorrichtungsanschluß in Form einer Standardschnittstelle zum Betrieb eines Betriebsmittels benötigt und damit genutzt. Bei den verbleibenden fünf Prozent wird mindestens ein zusätzlicher Anschluß benötigt, da dort zwei oder mehr mechanisierte oder automatisierte Betriebsmittel eingesetzt werden. Dagegen wäre bei Verwendung eines Arbeitsplatzes dieser Kategorie der Anschluß bei nur 20 Prozent der in der Analyse erfaßten Arbeitsplätze dieser Kategorie nicht in dauerhafter Nutzung.

Auch die zwei Teilevorratselemente reichen in 95 Prozent der aufgenommenen Fälle als vorgesehene Elemente am standardisierten

Arbeitsplatz aus, wobei diese bei 27 Prozent der Fälle nicht vollständig genutzt werden. Als ausreichend stellt sich die Verwendung von zwei Beistellelementen zur Teileversorgung dar, während die Ausstattung des Systems mit nur einer Aufnahme für ein hängendes Handwerkzeug in 90 Prozent der untersuchten Einsatzfälle genügt (Bild 6.26).

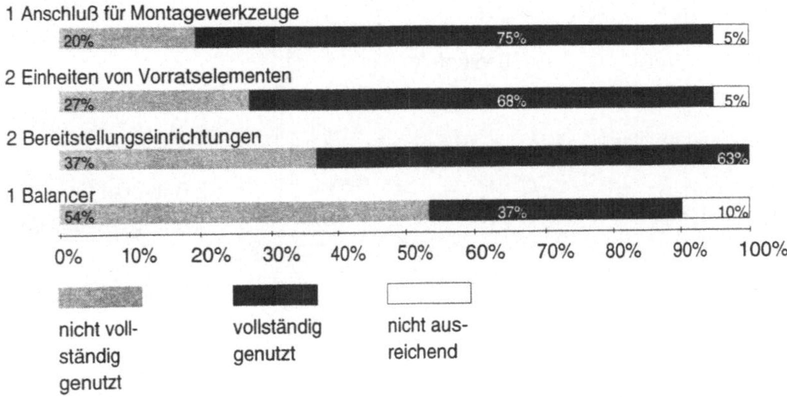

Bild 6.26: Einsatzfälle der einzelnen Systemelemente am einfachen Handarbeitsplatz

6.4.2 Handarbeitsplatz für komplexere Aufgaben

Gegenüber dem einfachen Handarbeitsplatz zeichnet sich das Arbeitssystem aus der Kategorie 'Handarbeitsplatz für komplexere Aufgaben' durch seine reichhaltigere Ausstattung und die Vorbereitung auf eine (Teil-)Automatisierung aus. Vergleichbar mit dem einfachen Arbeitsplatz sind auch hier in der Standard- zusammenstellung zwei Vorratselemente für die Teilebereitstellung und zwei Beistellboxen für die Bereitstellung und den Abtransport des Basismontageobjekts auf dem Grundaufbau des Systems vorgerüstet. Statt einer standardmäßig angebrachten Schnittstelle für den Vorrichtungsanschluß werden hier jedoch zwei eingesetzt. Diese sind für Betriebsmittel vorgesehen, die neben der reinen Mechanisierung auch zum Teil automatisiert arbeiten sollen. Daher ist in dieser Konfiguration auch die abkoppelbare Steuerung für den Grundarbeitsplatz einbezogen. Die Komplexität des Arbeitssystems erfordert auch die Installation von zwei Einhängemöglichkeiten für Handwerkzeuge (Bild 6.27).

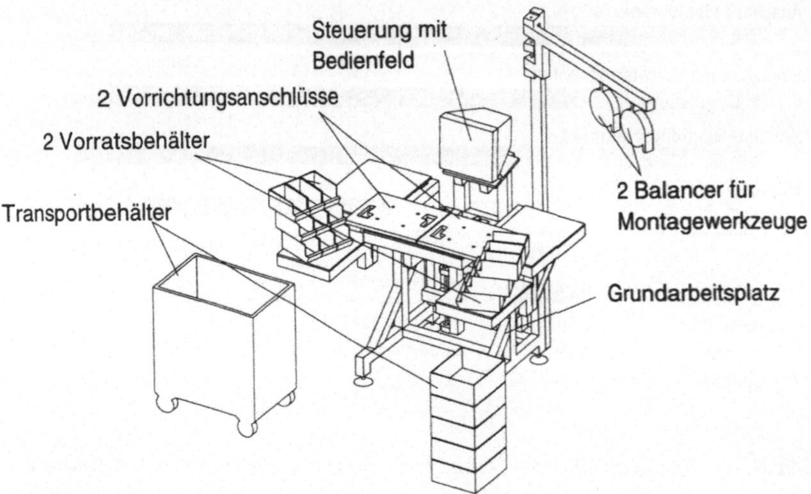

Bild 6.27: Handarbeitsplatz für komplexe Montageaufgaben

In Bild 6.28 ist dargestellt, daß die als Standardkonfiguration vorgesehenen Elemente des Arbeitssystems bis auf einige Fälle, bei denen mehr als die installierten zwei Einrichtungen für die Handwerkzeuge benötigt werden, ausreichend sind.

6.4.3 An ein Transportsystem angegliederter Arbeitsplatz

Bei den beiden ersten Standardkonfigurationsvarianten handelt es sich im wesentlichen um Lösungen, die für die untersuchten Einzelarbeitsplätze einsetzbar sind. Diese lassen sich bei Bedarf zu einer Linie mit Beistellboxen als Zwischenpuffer aneinanderreihen.

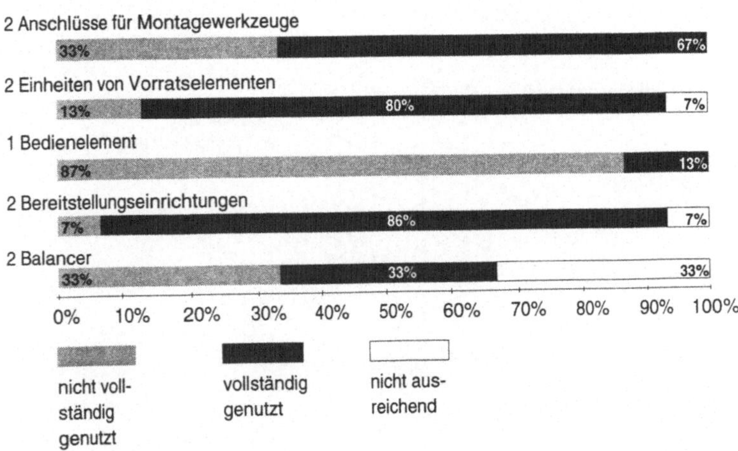

Bild 6.28: Komponentennutzung am Arbeitsplatz für komplexe Aufgaben

Die beiden weiteren Standardkonfigurationen sind dagegen speziell für Linienarbeitsplätze vorgesehen. Die erste Lösung stellt dabei einen Arbeitsplatz dar, der neben einem Transportsystem aufgestellt ist und bei welchem der Mitarbeiter durch Übernahme von Werkstücken vom Transportsystem mit Material versorgt wird. Entsprechend sieht die Standardausstattung auch nur maximal eine Beistellbox für die Basismontageobjekte vor, die zu Beginn oder am Ende eines Montagedurchlaufs benötigt wird. Weiterhin wird eine Schnittstelle zur Fixierung eines eventuell automatisierten Betriebsmittels und die Ankoppelung der SPS zur Steuerung des Betriebsmittels am Grundaufbau benötigt. Dazu kommen zwei Vorratselemente zur Speicherung der Einzelteile und mindestens ein Balancer zum Halten der hängenden Werkzeuge (Bild 6.29).

Bei 33 Prozent der Einsatzfälle muß der Arbeitsplatz zusätzlich mit einem oder mehreren Balancern ausgestattet werden, um den Anforderungen zu genügen. Ansonsten werden alle Elemente weitgehend für alle Montageaufgaben, die auf einem Arbeitsplatz dieser Kategorie durchgeführt werden, zumindest anteilsweise verwendet (Bild 6.30).

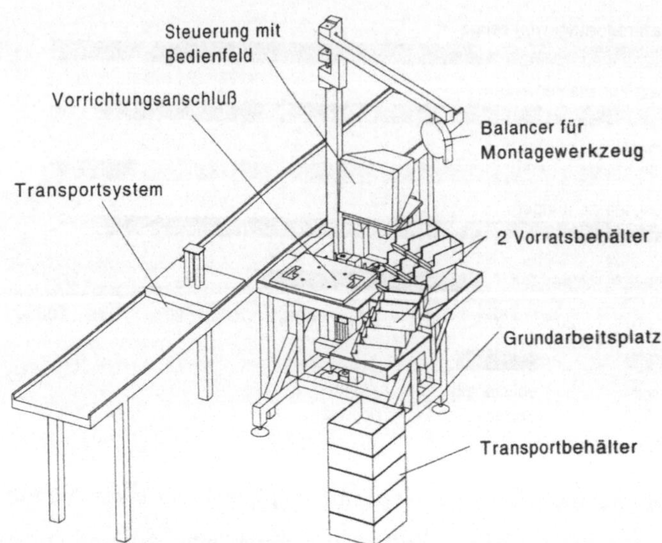

Bild 6.29: Beispieldarstellung eines an ein Transportband angegliederten Standardmontagearbeitsplatzes

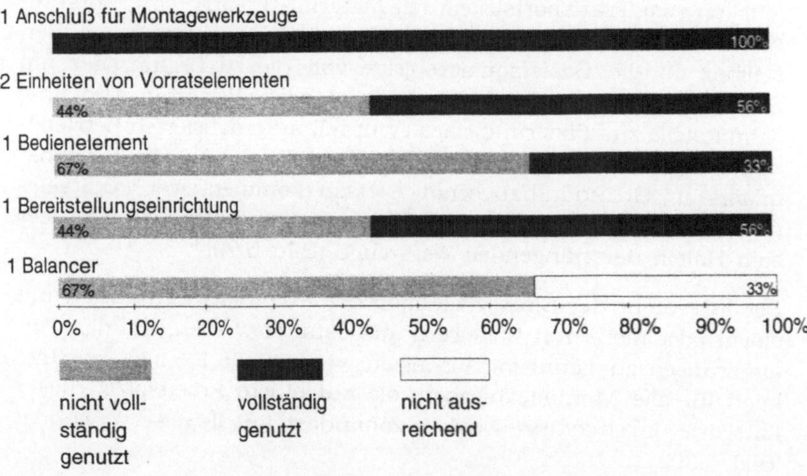

Bild 6.30: Verwendung der Elemente bei den untersuchten Arbeitsplätzen

6.4.4 In Transportsystem integrierter Arbeitsplatz

Der vierte Standardarbeitsplatz in Bild 6.24 ist eine in das Transportsystem integrierte Montagestation. Gegenüber der dritten Version, bei der der Mitarbeiter die Basismontageobjekte zwar vom Band übernimmt, die einzelnen Montageprozesse aber unabhängig vom Transportsystem auf dem Arbeitsplatz erledigt hat, wird hier direkt auf einem Werkstückträger montiert, der während der Montage auf dem Transportsystem belassen wird. Der Arbeitsumfang der Montagetätigkeiten an einem Arbeitsplatz ist hierbei meistens geringer, als wenn neben dem Transportsystem montiert wird, so daß eine verringerte Grundausstattung ausreichend ist. Benötigt werden ein Vorrichtungsanschluß, über den (teil-)automatisierte Betriebsmittel angesteuert werden können, eine SPS, ein zentrales Vorratselement für die Einzelteile und die Einrichtung für ein aufzuhängendes Handwerkzeug (Bild 6.31). Die Bereitstellung und der

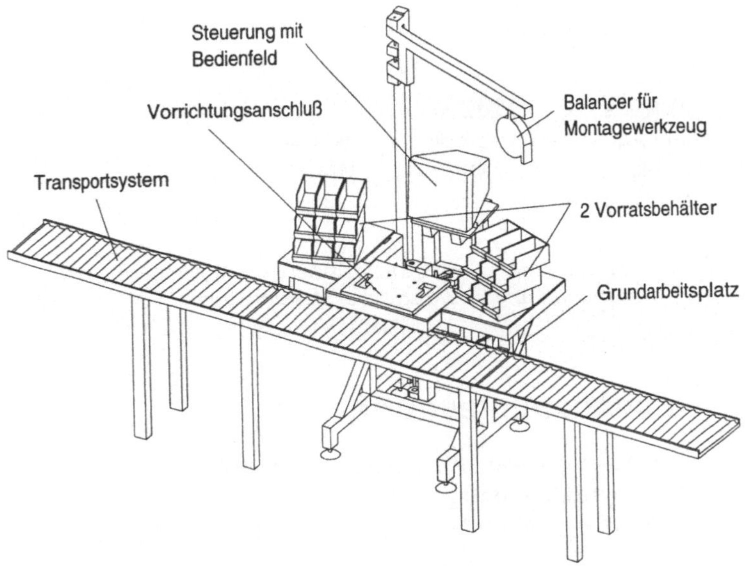

Bild 6.31: Beispieldarstellung für einen in ein Transportsystem integrierten Arbeitsplatz

Abtransport des Basismontageobjekts erfolgt bei diesen Arbeitsplätzen ausschließlich über das Transportsystem.

In Bild 6.32 ist erkennbar, daß aufgrund des geringeren Montageinhalts je Arbeitsplatz nur in 20 Prozent der Fälle ein Vorratselement um ein weiteres ergänzt werden muß. Auch der Vorrichtungsanschluß wird nur bei einer geringen Zahl an Einsatzfällen voll genutzt. Ansonsten sind die gewählten Standardausrüstungselemente für diesen Arbeitsplatztyp bei den in der Analyse erfaßten Arbeitsplätzen dieser Kategorie sinnvoll und ausreichend.

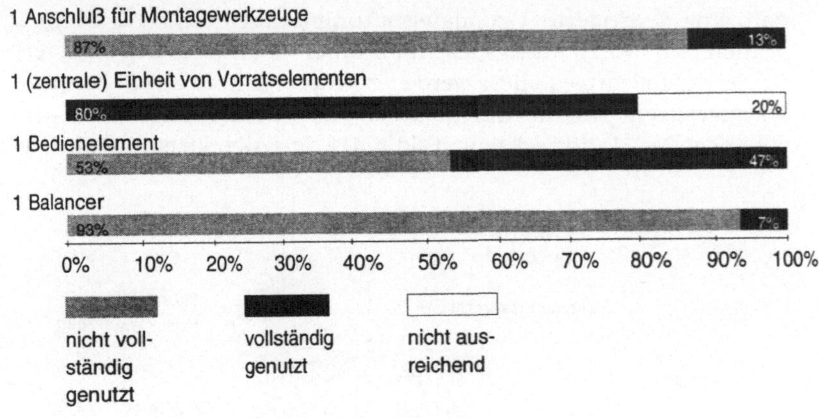

Bild 6.32: Verwendung von Standardausrüstungselementen bei in ein Transportsystem integrierte Arbeitsplätze

6.5 Zusammenfassung

Ziel dieses Kapitels war die Entwicklung eines Baukastensystems für flexible, hybride Montagesysteme entsprechend dem Konzept in Kapitel 5 und den Anforderungen aus Kapitel 4.

Wesentlich war hierbei die sinnvolle Modularisierung der Montagesysteme, die über eine Strukturierung der Systemelemente erreicht werden konnte. Zur Festlegung der Schnittstellen zwischen den zu generierenden Modulen konnten die Berührungspunkte der Elemente aus den einzelnen Strukturgruppen mit denen einer anderen Gruppe verwendet werden. Zusätzlich zu dieser etwas gröberen Strukturierung wurde weiter detaillierend eine Gliederung für die in Relation dazu kostenintensiven Montagebetriebsmittel durchgeführt.

Den zweiten Schritt der Baukastenentwicklung stellte die Definition von Standardschnittstellen und die beispielhafte Gestaltung von einzelnen Modulen dar. Zum Teil wurden die Module zur Funktionsverifikation realisiert.

Zur Eingrenzung des Planungs- und Umrüstungsaufwands konnten weiterhin vier Standardkonfigurationen des Baukastensystems abgeleitet werden, die nur noch mit den aufgabenspezifischen Betriebsmitteln und Werkzeugen sowie den zu montierenden Bauteilen auszurüsten sind.

7 Bewertung der Wirtschaftlichkeit

Ziel dieses Kapitels ist die Darstellung der wirtschaftlichen Einsatzfähigkeit dieses Rationalisierungsansatzes, durch Flexibilisierung von hybriden Montagearbeitsplätzen Kosten einzusparen.

Die Montage zeichnet sich - wie bereits erwähnt - durch eine bisher nicht vollständig erfaßte Verschiedenartigkeit aus, so daß keine Vorgehensweise existiert, die bei der Konfiguration von Montagesystemen aus wirtschaftlicher Sicht zu einem globalen Optimum führt. Somit ist auch für diesen Rationalisierunganatz keine allgemeine Wirtschaftlichkeit nachweisbar. Selbst konkrete Eingrenzungen, wie etwa Größe oder Komplexität des Produktes, können derzeit nicht universell gültig angegeben werden.

Daher muß jeder Fall individuell betrachtet werden. Ausgangspunkt für die eigene Betrachtung einer Anwendung ist die Untersuchung der Montageaufgabe in Bezug auf auftretende Stillstandzeiten der Arbeitssysteme entsprechend den Kapiteln 3 und 4 dieser Arbeit. Ergeben sich dort erhebliche Stillstandszeiten, die mit den besprochenen Mitteln verkürzt werden können, sollte der Rationalisierungsansatz der Flexibilisierung mit einer eigenen Planungsalternative berücksichtigt und evaluiert werden. Das folgende Beispiel erfüllt dazu zwei Ziele. Zum einen dient es als Leitfaden für das Vorgehen zur Bewertung der Wirtschaftlichkeit im Anwendungsfall. Zum anderen wird an diesem Beispiel nachgewiesen, daß es für diesen Rationalisierungsansatz wirtschaftlich sinnvolle Anwendungsfälle gibt.

Nach einer Vorstellung der Arbeitsaufgabe werden in diesem Beispiel Arbeitsplatzkonfigurationen für die Montage des Produkts auf unterschiedlichen Automatisierungsstufen ermittelt. Eine konventionelle Wirtschaftlichkeitsrechnung zeigt dann die jeweiligen wirtschaftlichen Stückzahlbereiche bei starrer Nutzung auf. Anhand dieser Vorarbeiten können abschließend die Einsparungsmöglichkeiten quantifiziert werden.

7.1 Vorstellung des Beispielprodukts

Als Beispielprodukt dient ein Differenzdruckschalter der Fa. FESTO. Dieser wird eingesetzt, um die Veränderungen eines eingestellten Luftdrucks zu überwachen. Eine Membran, die sich je nach Druckverhältnis verschiebt, löst beim Überschreiten eines Toleranzbereichs über einen Initiator ein Sensorsignal aus.

Bild 7.1 zeigt eine Explosionsdarstellung des Schalters, der sich aus 12 Bauteilen zusammensetzt. Bei der Montage werden in das Basismontageobjekt 'Gehäuse' eine Spindel und eine Mitnehmermutter eingeschoben, wobei die Spindel bereits mit einem Dichtring bestückt ist. Nach der Sicherung der Spindel im Gehäuse mit einem Sicherungsring muß die Mitnehmermutter auf den Grund des Gewindes heruntergeschraubt werden, um abschließend eine Spiralfeder auf die Spindel aufschieben zu können. Im nächsten Schritt wird Klebstoff in eine im Gehäuse befindliche Nut dosiert, mit dem die danach montierte Membran luftdicht in das Gehäuse verklebt wird. Der letzte Montageschritt vor der Justage und Prüfung ist das Verschrauben des vorher mit einem Dichtring bestückten Initiators mittels zweier Schrauben.

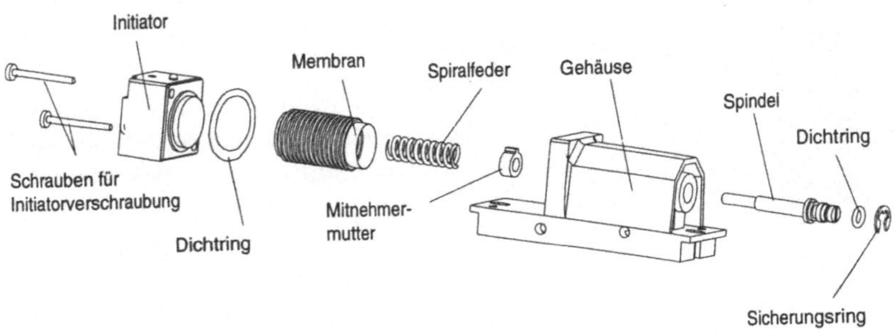

Bild 7.1: Beispielprodukt: Differenzdruckschalter

7.2 Konzeption von Arbeitsplatzvarianten

Auf der Basis des entwickelten Baukastensystems wurden nun in drei verschiedenen Ausbaustufen sinnvolle Konfigurationen für drei unterschiedliche Stückzahlbereiche zusammengestellt. Die für die Kostenrechnung notwendigen Daten, wie die benötigte Montagezeit und Investitionen, wurden jeweils entsprechend ermittelt. Zur Ableitung der Montagezeiten wurde das MTM-Verfahren verwendet, um für alle Stufen vergleichbare Daten zu erhalten.

7.2.1 Arbeitsplatz für die erste Ausbaustufe

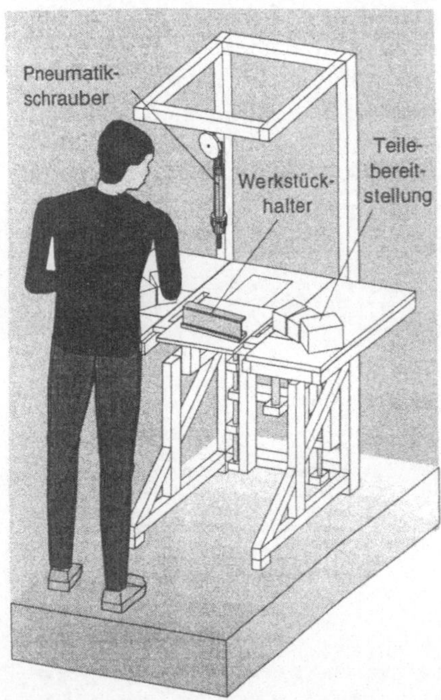

Bild 7.2: Gestaltung des Arbeitsplatzes für die erste Ausbaustufe

Die erste Ausbaustufe dient zur Montage des Schalters bei kleinen Stückzahlen. Es wird im wesentlichen manuell montiert, und die Einrichtungen sind einfach gehalten. Wie in Bild 7.2 erkennbar, ist der Grundarbeitsplatz links und rechts jeweils mit einer Seitenwange ausgestattet. Allerdings werden die in den Wangen integrierten standardisierten Schnittstellen bei dieser Ausbaustufe nicht benötigt und deshalb abgedeckt, so daß eine ebene Tischoberfläche entsteht. Als Ausrüstungsgegenstände werden neben den Teilebereitstellungskisten nur ein Werkstückhalter zur Aufnahme des Gehäuses sowie ein Pneumatikschrauber mit Schrauberbit verwendet.

Die bis auf die Verschraubung vollständig manuelle Montage erfordert eine Montagegrundzeit nach MTM von 30,32 Sekunden, unter der Voraussetzung, daß keine Wartezeiten für den Menschen durch das Aushärten des Klebers entstehen.

Die vorher beschriebene Ausrüstung erfordert eine aus Angeboten abgeleitete Gesamtsumme an Investitionen von ca. DM 7.500,- für den Arbeitstisch an sich (ohne Steuerung, DM 3.800,-), für den Werkstückhalter (DM 1.700,-), den Druckluftschrauber (DM 1.500,-) und die weiteren Handwerkzeuge etc. (DM 500,-).

7.2.2 Arbeitsplatz für die zweite Ausbaustufe

Gegenüber der ersten Ausbaustufe, bei der der Schalter stückweise montiert wird, kommt hier das Prinzip der verrichtungsweisen Montage durch den Einsatz eines Rundtakttisches zum Tragen. Der Rundtakttisch macht durch die Fixierung des Werkstücks in einer Position den Einsatz eines weiteren Moduls notwendig, mit dem die Mitnehmermutter von unten auf die Spindel geschraubt werden kann. Dieser Montageschritt, dem das Klebstoffauftragen parallelgeschaltet ist, ist damit automatisiert. Auch die Verschraubung des Initiators wird zum Teil automatisch durchgeführt, indem zwar der Schrauber von Hand geführt wird, die Zuführung der Schraube jedoch selbständig

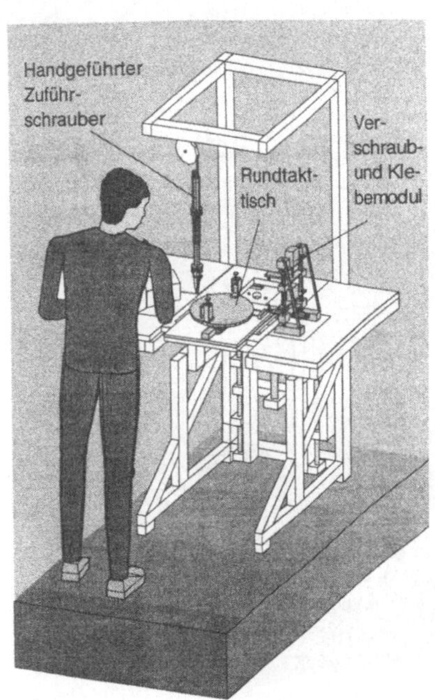

Bild 7.3: Arbeitsplatz der zweiten Ausbaustufe

erfolgt. Alle weiteren Arbeitsschritte werden auf dieser Ausbaustufe weiterhin manuell durchgeführt (Bild 7.3).

Die reine Grundzeit für die Montage reduziert sich in dieser Version auf 23,26 Sekunden. Wegen der Teilautomatisierung wird mit einer verringerten Verfügbarkeit von 95 % gerechnet, so daß sich eine zu kalkulierende Montagezeit von 24,48 Sekunden ergibt.

Die höhere Automatisierung erfordert andererseits höhere Investitionen, die für den Arbeitstisch mit Rundtakteinrichtung und den anderen Vorrichtungen insgesamt ca. DM 54.500,- ergeben.

7.2.3 Arbeitsplatz für die dritte Ausbaustufe

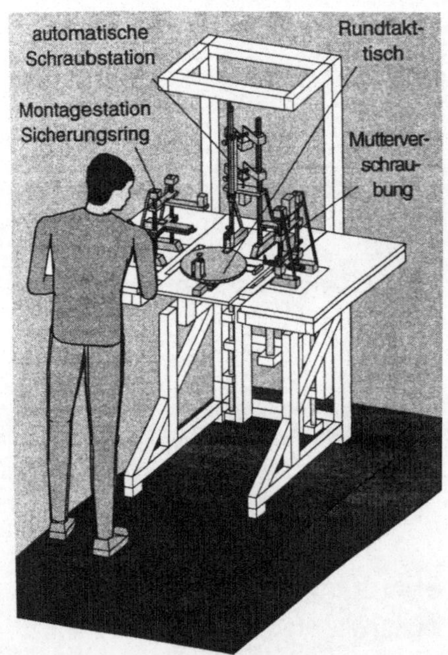

Bild 7.4: Darstellung des Arbeitssystems für die dritte Automatisierungsstufe

Eine weitere Verkürzung der Montagezeiten läßt sich durch eine nächste Ausbaustufe erreichen. Zusätzlich zur zweiten Stufe wird in diesem Fall die Montage des Sicherungsrings automatisiert und, wie die nun in einer vollautomatisierten Schraubstation durchgeführte Initiatorverschraubung, parallel zu den verbleibenden manuellen Tätigkeiten erledigt. Dazu werden hier eine Automatikschraubstation und das spezifisch einzurichtende Modul für die Sicherungsringmontage neben den bereits in der zweiten Stufe eingesetzten Einrichtungen benötigt (Bild 7.4).

Diese weitere Automatisierung des Arbeitsplatzes läßt

nun eine Montagezeit von 20,2 Sekunden zu, was bei der Verrechung einer Verfügbarkeit von 90 % eine manuelle Gesamtmontagezeit von 22,44 Sekunden ergibt.

Bei den Investitionen müssen zu den Aufwendungen der zweiten Stufe noch die Kosten für eine Automatikschraubstation und die Montagestation für den Sicherungsring addiert werden, wodurch eine Gesamtsumme der Investitionen von ca. DM 90.500,- zu rechnen ist.

7.3 Wirtschaftliche Einsatzbereiche

Mit den bei der Vorstellung der einzelnen Arbeitsplatzkonfigurationen angegebenen Daten soll zuerst eine konventionelle Wirtschaftlichkeitsrechnung durchgeführt werden, um die wirtschaftlichen Einsatzgebiete in Abhängigkeit von der Stückzahl ableiten zu können. Zur Darstellung der Kostenverläufe dient die Graphik, die der in Kapitel 5.3 analog ist und in der die Stückkosten über dem

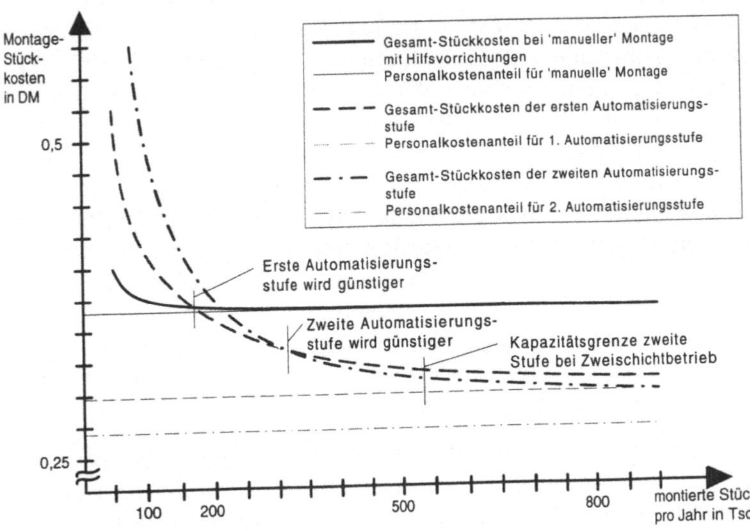

Bild 7.5: Kostenverläufe der drei Automatisierungsstufen

Auslastungsgrad (Stückzahl) angetragen sind (Bild 7.5). Basis für die Kostenrechnung sind eine Annahme der Lohnkosten zu 72 Pfennig/Min., dem Ansatz von 8 Prozent Zins und der Schätzung von 3 Prozent der Investition als jährliche Wartungskosten.

Aus dem Diagramm kann abgelesen werden, daß bis zu einer Stückzahl von ca. 170.000 Stück/Jahr und starrer Nutzung der Arbeitsplatzelemente die weitgehend manuelle Montage die günstigste Variante darstellt. Bis hin zu einer Stückzahl von ca. 320.000 pro Jahr weist die zweite Ausbaustufe die günstigsten Gesamtkosten auf, während darüber bis zur Kapazitätsgrenze im Zweischichtbetrieb von 580.000 Stück/Jahr die Kurve der dritten Stufe die niedrigste ist.

7.4 Kostenersparnis durch Flexibilisierung

Am Beispiel der dritten Ausbaustufe werden nun die Kosteneinsparungsmöglichkeiten durch die Flexibilisierung untersucht.

Die erforderliche Stückzahl der zu montierenden Schaltern begrenzt die notwendige Zuordnung der Arbeitssystemelemente für diese Bearbeitungsaufgabe auf 60 Prozent der zur Verfügung stehenden Zeit. Aus den verbleibenden 40 Prozent möglicher Nutzungszeit können in diesem Beispiel die Bestandteile der Einrichtungen in anderen Konfigurationen weitere 30 Prozent der Montage anderer Produkte zugeordnet werden. Damit erhöht sich die Auslastung und die Stillstandszeit sinkt. Zehn Prozent der insgesamt verfügbaren Zeit fallen als 'organisatorischer Verlust' an, in dem die Komponenten des Arbeitsplatzes nicht sinnvoll eingesetzt werden können. Demnach müssen in diesem Fall 66 Prozent der fixen Kosten der Montage des Differenzdruckschalters zugeordnet werden (Bild 7.6). Bei gleichbleibenden variablen Kosten sinkt nun die Gesamtstückkostenkurve für die dritte Ausbaustufe.

Der Effekt der Auslastungserhöhung durch Mehrfachverwendung und der damit verbundenen reduzierten Fixkostenzuordnung ist, daß - wie in Kapitel 3 abgeleitet - zum einen die Gesamtstückkosten durch die flexible Nutzung für eine spezifische Stückzahl reduziert

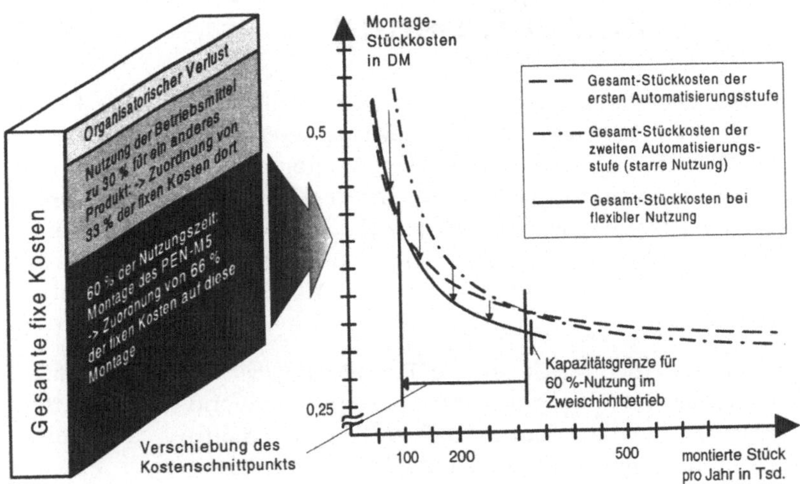

Bild 7.6: Kostensenkung durch flexible Nutzung des Arbeitsplatzes

werden können. Bei ca. 200.000 Stück Jahresproduktion und Verwendung der dritten Ausbaustufe lassen sich bei gesamten Stückkosten von 37,5 Pfennig etwa 3 Pfennig einsparen.

Darüber hinaus ist zum anderen im Diagramm auch zu sehen, daß der weitere Rationalisierungsansatz, nämlich der einer höheren Automatisierung, erfolgreich umgesetzt werden kann. Durch die Senkung der Gesamtstückkostenkurve verschiebt sich der Schnittpunkt mit dem Kostenverlauf der zweiten Ausbaustufe von anfänglich 320.000 auf 90.000 Stück pro Jahr. Die zum besseren Verständnis im Bild nicht eingezeichnete Kostenlinie der ersten Ausbaustufe schneidet die Kurve der reduzierten Kosten für die dritte Ausbaustufe bei ca. 135.000 Stück pro Jahr. Damit ist bis zu einer Jahresstückzahl von 135.000 Stück in diesem Beispiel die erste Ausbaustufe die günstigste Alternative. Darüberhinaus wird die dritte Stufe billiger. Sofern die zweite Ausbaualternative nicht ebenso flexibel verwendet werden kann, ist diese bei keiner Stückzahl mehr sinnvoll.

Eine Teilautomatisierung ist innerhalb dieses Beispiels damit aber schon bei 135.000 statt 170.000 Stück pro Jahr wirtschaftlich.

8 Zusammenfassung

Im Umfeld der Montage existiert das ständige Bestreben, die Produktionskosten zu senken. Neben vielen anderen Optimierungsformen kann auch die Flexibilisierung von Montagesystemen als neuer Ansatz diesen Bemühungen dienen. Inhalt der vorliegenden Arbeit ist die Untersuchung dieser Rationalisierungsmöglichkeit im besonderen für den Bereich der hybriden Montagearbeitsplätze, da sie den wesentlichen Anteil der realisierten Montagesysteme in der Industrie darstellen.

Ausgangspunkt der Arbeit ist die Erarbeitung der möglichen Rationalisierungspotentiale durch Flexibilisierung anhand der Kostenrechnung. Es wurde erkannt, daß über eine Erhöhung der Nutzungszeit bei den untersuchten Arbeitssystemen zum einen unmittelbar Kosten eingespart werden können. Zum anderen kann auch ein höherer Automatisierungsgrad erzielt werden, der noch einmal zur Kostensenkung beiträgt. Als hilfreich hat sich hierbei die Betrachtung der verschiedenen Arten von auftretenden Stillstandszeiten erwiesen.

Aus der Diskussion der Möglichkeiten zur Verringerung der Stillstandszeiten konnten weiterhin die Anforderungen an die zu entwickelnden flexiblen Arbeitssysteme und die zugehörigen Änderungen des Umfelds dieser neuen Systeme abgeleitet werden. Zusätzliche Anforderungen entstanden durch die Berücksichtigung von Erkenntnissen aus der Ergonomie.

Aufbauend auf den Ergebnissen aus der Betrachtung der Kosteneinsparung durch Flexibilisierung konnte ein Gesamtkonzept aufgestellt werden, das eine Abkehr von der bisherigen Art der Montagegestaltung mit sich bringt. Anstatt die Montagesysteme starr für ein Produkt auszulegen und jeweils bei Bedarf zu nutzen, soll bei Einsatz dieses Rationalisierungsansatzes das Montagesystem auftragsspezifisch konfiguriert und gerüstet werden. Dadurch kann mit flexiblen Montagesystemen, die diese individuelle Rüstung zulassen, zumindest ein Teil der anfallenden Stillstandszeiten vermieden werden. Als Flexibilisierungsform wurde hierfür das Baukastensystem als vergleichsweise günstigste Alternative gewählt.

Die Verwendung des Baukastensystems, das in der Regel eine höhere Anfangsinvestition als konventionelle, starre Systeme erfordert, muß dabei in der Art erfolgen, daß auch eine entsprechende Produktions- und Kapazitätsplanung die Verringerung der Stillstandszeiten unterstützt. Ein neuer Ansatz zur Kostenrechnung erlaubt die Ermittlung der konkreten Montagekosten für ein Produkt in einem flexiblen Montagesystem.

Eine Strukturierung der Komponenten von 75 Arbeitsplätzen, die in verschiedenen Firmen untersucht wurden, als Basis zur Gestaltung flexibler Arbeitssysteme brachte das Ergebnis, daß sich fünf Gruppen von funktional unterschiedlichen Elementen zusammenstellen lassen. Mit mindestens einem Element aus jeder Gruppe können alle angetroffenen Ausprägungen von Arbeitssystemen konfiguriert werden. An die Berührungspunkte der Elemente aus den verschiedenen Gruppen zueinander werden die standardisierten Schnittstellen gesetzt.

Auf Basis der wirtschaftlichen, ergonomischen und technischen Anforderungen wurde dann ein Baukastensystem mit den vorher abgeleiteten Gruppenelementen als Bausteine zur Konfiguration von verschiedensten denkbaren hybriden Montagearbeitsplätzen entwickelt. Bei den Montagebetriebsmitteln als kostenintensive Bestandteile des Baukastens wurde die Untergliederung innerhalb der Gruppe noch feiner unterteilt, um hier durch eine jeweils auftragsspezifische Konfiguration eine möglichst hohe Nutzungszeit der einzelnen Systemelemente zu erreichen.

Eine Vereinfachung des Planungsaufwands konnte durch die Ableitung von vier Standardgrundtypen für hybride Arbeitsplätze erreicht werden, bei welchen 88 % der in der Analyse erfaßten Arbeitsplätze beschleunigt gerüstet werden können.

Eine abschließende, an einem Beispiel dargestellte Bewertung der Wirtschaftlichkeit zeigt die mögliche kostenreduzierende Nutzbarkeit der entwickelten Technologie. Diese kann allerdings kein allgemeingültiger Nachweis sein, da für jeden Einsatzfall die möglichen Rationalisierungspotentiale individuell errechnet werden müssen. Sie läßt sich jedoch als Leitfaden für diese eigenen Bewertungen verwenden.

9 Literaturverzeichnis

Abele u. a. 1984
Abele, E. u. a.: Einsatzmöglichkeiten von flexibel automatisierten Montagesystemen in der industriellen Produktion (Montagestudie). Düsseldorf: VDI-Verlag, 1984 (Humanisierung des Arbeitslebens Bd. 61).

Amann 1994
Amann, W.: Eine Simulationsumgebung für Planung und Betrieb von Produktionssystemen. Berlin: Springer, 1994 (iwb Forschungsberichte 71).

Andreasen u. a. 1988
Andreasen, M. u. a.: Flexible Assembly Systems. Berlin: Springer, 1988.

Apitius 1992
Apitius, R. (Red.): Montage auf dem Präsentierteller. Flexible Automation 2/92, S. 50.

Apitius 1993a
Apitius, R. (Red.): Taktvolles Miteinander. Flexible Automation 1/93, S. 31-34.

Apitius 1993b
Apitius, R. (Red.): Weniger Module, mehr Flexibilität. Flexible Automation 2/93, S. 26-28.

Bäßler 1988
Bäßler, R.: Integration der montagegerechten Produktgestaltung in den Konstruktionsprozeß. Berlin: Springer 1988.

Barthelmeß 1987
Barthelmeß, P.: Montagegerechtes Konstruieren durch die Integration von Produkt- und Montageprozeßgestaltung. Berlin: Springer, 1987 (iwb-Forschungsberichte 9).

Bronner 1964
Bronner, A.: Vereinfachte Wirtschaftlichkeitsrechnung. Frankfurt: Beuth-Vertrieb, 1964.

Buchholz 1989
Buchholz, Th.: Modulare Vorrichtungssysteme - Anforderungen, Einsatzerfahrungen und Tendenzen. wt Werkstattstechnik 79 (1989), S. 527-530.

Bullinger u. a. 1986
Bullinger, H.-J. u. a.: Systematische Montageplanung. München: Hanser, 1986.

Dilling u. a. 1975
Dilling, H.-J. u. a.: Rationalisierung und Automatisierung der Montage. Düsseldorf: VDI-Verlag, 1975.

DIN 8593
DIN 8593: Fertigungsverfahren: Fügen. Teil 0. Berlin: Beuth-Verlag, 1985.

DIN 19233
DIN 19233: Automat Automatisierung Begriffe. Berlin: Beuth-Verlag, 1972.

DIN 30600
DIN 30600: Graphische Symbole. Berlin: Beuth-Verlag, 1985.

DIN 33400ff
DIN 33400ff: Gestalten von Arbeitssystemen nach arbeitswissenschaftlichen Erkenntnissen. Berlin: Beuth-Verlag, 1983.

Dinger 1990
Dinger, R.: CIM-geeignete Montagelinien für die Kleinteilemontage. ZwF 85 (1990) 1, S. 26-29.

Ericsson u. a. 1994
Ericsson, A. u. a.: An Application with the MARK III Assembly System. In: IPA (Hrsg.): 25th International Symposium on Industrial Robots. MEP, 1994.

Egge 1993
Egge, H.: Automatisierte Montage eines neuen Boxermotors. ZwF 88 (1993), S. 259-261.

Eversheim 1987
Eversheim, W. (Hrsg.): Strategien zur Rationalisierung der Montage: Einzel- und Kleinserienproduktion komplexer Produkte. Düsseldorf: VDI-Verlag, 1987.

Eversheim u. a. 1991
Eversheim, W. u. a.: Betrieb in jeder Ausbaustufe gewährleisten. Industrie-Anzeiger 43/1991, S. 40-51.

Eversheim u. a. 1992
Eversheim, W. u. a.: Die Montage optimal automatisieren. VDI-Z 134 (1992) Nr. 9, S. 100-104.

Feldmann 1993a
Feldmann, K.: Entwicklungslinien flexibler Montagesysteme. In: VDI Bildungswerk (Hrsg.): Auslegung und Betrieb modularer Montagesysteme. Düsseldorf: VDI Bildungswerk, 1993.

Feldmann 1993b
Feldmann, K.: Voraussetzungen, Struktur und konstruktiver Aufbau modularer Montagesysteme. In: VDI Bildungswerk (Hrsg.): Auslegung und Betrieb modularer Montagesysteme. Düsseldorf: VDI Bildungswerk, 1993.

Frankenhauser 1989
Frankenhauser, B.: Flexible Greifer. In: Warnecke, H.-J. und Schraft, R. D.: Handhabungs-, Montage- und Industrierobotertechnik, Band III, Landsberg: mi-Verlag, 12. Nachlieferung, 1989, S. 7.33-7.48.

Gairola 1985
Gairola, A.: Montage Automatisieren durch montagegerechtes Konstruieren. VDI-Z 127 (1985) 11, S. 403-408.

Grob & Haffner 1982
Grob R. und Haffner, H.: Planungsleitlinien Arbeitsstrukturierung: Systematik zur Gestaltung von Arbeitssystemen. München: Siemens AG (Abt. Verl.), 1982.

Hank 1991
Hank, F.-S.: Philosophie der Montageautomatisierung. Flexible Automation 4/91, S. 26-29.

Heinen 1991
Heinen, E. (Hrsg.): Industriebetriebslehre. Wiesbaden: Gabler-Verlag, 1991.

Hesse 1993
Hesse, St.: Montagemaschinen. Würzburg: Vogel-Verlag, 1993.

Hesselbach 1989
Hesselbach, J.: Roboter in flexiblen Montagesystemen. VDI-Z 131 (1989) Nr. 8, S. 88-92.

Immisch 1992
Immisch, D.: Lean Production Live. Flexible Automation 4/92, S. 13-17.

Kleinklaus 1989
Kleinklaus, M.: Flexibel beim Anwender. Werkstatt und Betrieb 122 (1989) 9, S. 828-831.

Kleinklaus 1990
Kleinklaus, M.: Montagesysteme selbst erstellen und schrittweise ausbauen. Werkstatt und Betrieb 123 (1990) 1, S. 33-35.

Kögel 1993
Kögel, G. (Red.): Montagelinie für Hochleistungsschalter. Produktion 15.7.1993, Nr. 28, S. 7.

Konold u. a. 1977
Konold, P. u. a.: Arbeitssystem-Elemente-Katalog. Mainz: Krauskopf-Verlag, 1977.

Kugelmann 1993
Kugelmann, F.: Einsatz nachgiebiger Elemente zur wirtschaftlichen Automatisierung von Produktionssystemen. Berlin: Springer, 1993 (iwb Forschungsberichte 67).

Kummetsteiner 1994:
Kummetsteiner, G.: 3D-Bewegungssimulation als integratives Hilfsmittel zur Planung manueller Montagesysteme. Berlin: Springer, 1994 (iwb-Forschungsberichte 66).

Laukenmann 1991
Laukenmann, E.: Intelligente Peripherie. Industrie-Anzeiger 97/1991, S. 24-25.

Leisner 1993
Leisner, E.: CIM-Montage in der Kleinserienfertigung. In: VDI-ADB (Hrsg.): Jahrbuch 93/94. Düsseldorf: VDI-Verlag, 1993.

Lotter 1988
Lotter, B.: Ausbaufähige Montagesysteme. In: VDI-Berichte Nr. 722, 1988. Düsseldorf, VDI-Verlag, 1988.

Lotter 1992
Lotter, B. (Hrsg.): Flexibles Montagesystem. Sonderheft Montage März 1992, S. 48-49.

Lotter & Schilling 1992
Lotter, B. und Schilling, W.: Methodisches Rationalisieren der manuellen Montage Teil 2. Der Betriebsleiter 4/1992, S. 10-13.

Lotter & Schilling 1994a
Lotter, B. und Schilling, W.: Manuelle Montage. Düsseldorf: VDI-Verlag, 1994.

Lotter & Schilling 1994b
Lotter, B. und Schilling, W.: Montage: Neue Lösungsansätze für Wirtschaftlichkeit und Qualifizierung. Der Betriebsleiter 1-2/1994, S. 16-22.

MacLaren 1983
MacLaren, P.: Choosing the right level of assembly automation. Assembly Automation May 1983, S. 78-84.

Naumann 1993
Naumann, J. (Red.): Mehrplatzsysteme an Montageanlagen. Schweizer Maschinenmarkt 16/1993, S. 25-27.

Pfeiffer 1989
Pfeiffer, G.: Grenzen der Wirtschaftlichkeit bei der automatisierten Montage. In: VDI-Gesellschaft Feinwerktechnik (Hrsg.): Automatisierung der Montage in der Feinwerktechnik und Elektrotechnik. Düsseldorf: VDI-Verlag, 1989.

REFA 1971
REFA (Hrsg.): Methodenlehre des Arbeitsstudiums. Teil 1: Grundlagen. München: Hanser, 1971.

REFA 1978
REFA (Hrsg.): Methodenlehre des Arbeitsstudiums. Teil 2: Datenermittlung. München: Hanser, 1978.

REFA 1985
REFA (Hrsg.): Methodenlehre des Arbeitsstudiums. Teil 3: Kostenrechnung, Arbeitsgestaltung. München: Hanser, 1985.

Reinhart u. a. 1994
Reinhart, G. u. a.: Standort Deutschland - Situationsanalyse und Perspektiven für die Produktion. In: VDI-ADB (Hrsg.): Jahrbuch 94/95. Düsseldorf: VDI-Verlag, 1994, S. 8-26.

Reinhart & Fichtmüller 1994
Reinhart, G. und Fichtmüller N.: Flexible Montagearbeitsplätze erleichtern die Rationalisierung. VDI-Z 136 (1994) Nr.4, S. 105-107.

Richter u. a. 1978
Richter, E. u. a. (Hrsg.): Montage im Maschinenbau. Berlin: Verlag Technik, 1978.

Richter 1994
Richter, F.: Konstruktive Lösungen zu komplexen, flexiblen Montageaufgaben. In: Bullinger H.-J. u. a. (Hrsg.): Zukunftssicherung durch Innovation, FTK '94. Berlin: Springer, 1994.

Rockland 1995
Rockland, M.: Flexibilisierung der automatischen Teilebereitstellung in Montageanlagen. Berlin: Springer, 1995 (iwb Forschungsberichte 87)

Scherff 1990a
Scherff, K.: Individuell angepaßte Handhabung führt zu flexiblen Montagesystemen. Werkstatt und Betrieb 123 (1990) 9, S. 725-727.

Scherff 1990b
Scherff, K.: Eine neue Art der Montage mit flexiblen Sitz-,Steh-Hand-Arbeitsplätzen hoher Mechanisierung. Werkstatt und Betrieb 123 (1990) 1, S. 39-43.

Schmidt 1992
Schmidt, M.: Konzeption und Einsatzplanung flexibel automatisierter Montagesysteme. Berlin: Springer, 1992 (iwb Forschungsberichte 41).

Schmidtke 1981
Schmidtke, H. (Hrsg.): Lehrbuch der Ergonomie. München: Hanser, 1981.

Schröder 1984
Schröder, K.-J.: Montagegerechte Fertigung mit flexiblen Fertigungszellen. VDI-Z 126 (1984) Nr. 10, S. 373-375.

Schulz 1993
Schulz, G.: Flexible Assembly Automation Accommodates Product Life Spans. Robotics World Fall 1993, S. 10-12.

Schweizer u. a. 1993

Schweizer M. u. a.: Roboter montiert Ölpumpen im Model-Mix. Der Betriebsleiter 7-8/93, S. 24-28.

Seidel 1995:

Seidel, G.: Teilebereitstellung in automatischen Montageanlagen. In: Reinhart G. (Hrsg.): iwb-Seminarberichte 1: Innovative Montagesysteme. TU München, 1995.

Seliger u. a. 1987

Seliger, G. u. a.: Flexibles Montagesystem. ZwF 82 (1987) 3, S. 133-136.

Seliger u. a. 1991

Seliger, G. u. a.: Rationalisierungspotentiale flexibler Montageanlagen. In: IFA Universität Hannover (Hrsg.): Modellbasiertes Planen und Steuern reaktionsschneller Produktionssysteme. München: GfMT, 1991.

Seliger u. a. 1992a

Seliger, G.: Welche Montagestrukturen bestimmen die Zukunft?. In: Lotter, B. (Hrsg.): 10. Deutscher Montagekongreß. Landsberg: mi-Verlag, 1992.

Seliger u. a. 1992b

Seliger, G. u. a.: Schrittweise Automatisierung durch hybride Montagesysteme. ZwF 87 (1992) 1, S. 8-12.

Severin 1987

Severin, F.: Planung der Flexibilität von roboterintegrierten Bearbeitungs- und Montagezellen. München: Hanser, 1987.

Spur u. a. 1986

Spur, G. u. a.: Einführung in die Montagetechnik. In: Spur, G. und Stöferle, Th. (Hrsg.): Handbuch der Fertigungstechnik, Bd. 5: Fügen, Handhaben und Montieren. München: Hanser, 1986.

Stoll 1993

Stoll, S.: Reif für die Insel. Industrie-Anzeiger 49/93, S. 50-53.

Vester 1987

Vester, F.: Denken in vernetzten Systemen. Frankfurt: DTV, 1987.

VDI 1980

VDI (Hrsg.): Handbuch der Arbeitsgestaltung und Arbeitsorganisation. Düsseldorf: VDI-Verlag, 1980.

VDMA 1993

VDMA (Hrsg.): Statistisches Handbuch für den Maschinenbau. Frankfurt: MaschinenbauVerlag, 1993.

Willy 1994

Willy, A.: Vorrichtungssysteme für die flexibel automatisierte Montage. Berlin: Springer, 1994.

Womack u. a. 1991

Womack u. a.: The Machine that changed the World. New York: Rawson Associates, 1991.

iwb Forschungsberichte

Berichte aus dem Institut für Werkzeugmaschinen und Betriebswissenschaften der Technischen Universität München

Herausgeber: Prof. Dr.-Ing. J. Milberg und Prof. Dr.-Ing. G. Reinhart

---

1 **Streifinger, E.**
Beitrag zur Sicherung der Zuverlässigkeit und Verfügbarkeit moderner Fertigungsmittel
1986. 72 Abb. 167 Seiten, ISBN 3-540-16391-3 — 68,- DM

2 **Fuchsberger, A.**
Untersuchung der spanenden Bearbeitung von Knochen
1986. 90 Abb. 175 Seiten, ISBN 3-540-16392-1 — 68,- DM

3 **Maier, C.**
Montageautomatisierung am Beispiel des Schraubens mit Industrierobotern
1986. 77 Abb. 144 Seiten, ISBN 3-540-16393-X — 68,- DM

4 **Summer, H.**
Modell zur Berechnung verzweigter Antriebsstrukturen
1986. 74 Abb. 197 Seiten, ISBN 3-540-16394-8 — 68,- DM

5 **Simon, W.**
Elektrische Vorschubantriebe an NC-Systemen
1986. 141 Abb. 198 Seiten, ISBN 3-540-16693-9 — 68,- DM

6 **Büchs, S.**
Analytische Untersuchungen zur Technologie der Kugelbearbeitung
1986. 74 Abb. 173 Seiten, ISBN 3-540-16694-7 — 68,- DM

7 **Hunzinger, I.**
Schneiderodierte Oberflächen
1986. 79 Abb. 162 Seiten, ISBN 3-540-16695-5 — 68,- DM

8 **Pilland, U.**
Echtzeit-Kollisionsschutz an NC-Drehmaschinen
1986. 54 Abb. 127 Seiten, ISBN 3-540-17274-2 — 68,- DM

9 **Barthelmeß, P.**
Montagegerechtes Konstruieren durch die Integration von Produkt- und Montageprozeßgestaltung
1987. 70 Abb. 144 Seiten, ISBN 3-540-18120-2 — 68,- DM

10 **Reithofer, N.**
Nutzungssicherung von flexibel automatisierten Produktionsanlagen
1987. 84 Abb. 176 Seiten, ISBN 3-540-18440-6 — 68,- DM

11 **Diess, H.**
Rechnerunterstützte Entwicklung flexibel automatisierter Montageprozesse
1988. 56 Abb. 144 Seiten, ISBN 3-540-18799-5 — 73,- DM

12 **Reinhart, G.**
Flexible Automatisierung der Konstruktion
und Fertigung elektrischer Leitungssätze
1988, 112 Abb. 197 Seiten, ISBN 3-540-19003-1 — 73,- DM

13 **Bürstner, H.**
Investitionsentscheidung in der rechnerintegrierten Produktion
1988, 77Abb. 190 Seiten, ISBN 3-540-19099-6 — 73,- DM

14 **Groha, A.**
Universelles Zellenrechnerkonzept für flexible Fertigungssysteme
1988, 74 Abb. 153 Seiten, ISBN 3-540-19182-8 — 73,- DM

15 **Riese, K.**
Klipsmontage mit Industrierobotern
1988, 92 Abb. 150 Seiten, ISBN 3-540-19183-6 — 73,- DM

16 **Lutz, P.**
Leitsysteme für rechnerintegrierte Auftragsabwicklung
1988, 44 Abb. 144 Seiten, ISBN 3-540-19260-3 — 73,- DM

17 **Klippel, C.**
Mobiler Roboter im Materialfluß eines flexiblen Fertigungssystems
1988, 86 Abb. 164 Seiten, ISBN 3-540-50468-0 — 73,- DM

18 **Rascher, R.**
Experimentelle Untersuchungen zur Technologie der Kugelherstellung
1989, 110 Abb. 200 Seiten, ISBN 3-540-51301-9 — 73,- DM

19 **Heusler, H.-J.**
Rechnerunterstützte Planung flexibler Montagesysteme
1989, 43 Abb. 154 Seiten, ISBN 3-540-51723-5 — 73,- DM

20 **Kirchknopf, P.**
Ermittlung modaler Parameter aus Übertragungsfrequenzgängen
1989, 57 Abb. 157 Seiten, ISBN 3-540-51724 — 73,- DM

21 **Sauerer, Ch.**
Beitrag für ein Zerspanprozeßmodell Metallbandsägen
1990, 89 Abb. 166 Seiten, ISBN 3-540-51868-1 — 78,- DM

22 **Karstedt, K.**
Positionsbestimmung von Objekten in der Montage-
und Fertigungsautomatisierung
1990, 92 Abb. 157 Seiten, ISBN 3-540-51879-7 — 78,- DM

23 **Peiker, St.**
Entwicklung eines integrierten NC-Planungssystems
1990, 66 Abb. 180 Seiten, ISBN 3-540-51880-0 — 78,- DM

24 **Schugmann, R.**
Nachgiebige Werkzeugaufhängungen für die automatische Montage
1990. 71 Abb. 155 Seiren, ISBN 3-540-52138-0 — 78,- DM

25 **Wrba, P**
Simulation als Werkzeug in der Handhabungstechnik
1990, 125 Abb., 178 Seiten, ISBN 3-540-52231-X 78,- DM

26 **Eibelshäuser, P.**
Rechnerunterstützte experimentelle Modalanalyse
mitells gestufter Sinusanregung
1990, 79 Abb., 156 Seiten, ISBN 3-540-52451-7 78,- DM

27 **Prasch, J.**
Computerunterstützte Planung von chirurgischen Eingriffen
in der Orthopädie
1990, 113 Abb., 164 Seiten, ISBN 3-540-52543-2 78,- DM

28 **Teich, K.**
Prozeßkommunikation und Rechnerverbund in der Produktion
1990, 52 Abb., 158 Seiten, ISBN 3-540-52764-8 78,- DM

29 **Pfrang, W.**
Rechnergestützte und graphische Planung manueller
und teilautomatisierter Arbeitsplätze
1990, 59 Abb., 153 Seiten, ISBN 3-540-52829-6 78,- DM

30 **Tauber, A.**
Modellbildung kinematischer Stukturen
als Komponente der Montageplanung
1990, 93 Abb., 190 Seiten, ISBN 3-540-52911-X 78,- DM

31 **Jäger, A.**
Systematische Planung komplexer Produktionssysteme
1991, 75 Abb., 148 Seiten, ISBN 3-540-53021-5 78,- DM

32 **Hartberger, H.**
Wissensbasierte Simulation komplexer Produktionssysteme
1991, 58 Abb., 154 Seiten, ISBN 3-540-53326-5 78,- DM

33 **Tuczek H.**
Inspektion von Karosseriepreßteilen auf Risse und Einschnürungen
mittels Methoden der Bildverarbeitung
1992, 125 Abb., 179 Seiten, ISBN 3-540-53965-4 88,- DM

34 **Fischbacher, J.**
Planungsstrategien zur strömungstechnischen Optimierung
von Reinraum-Fertigungsgeräten
1991, 60 Abb., 166 Seiten, ISBN 3-540-54027-X 78,- DM

35 **Moser, O.**
3D-Echtzeitkollisionsschutz für Drehmaschinen
1991, 66 Abb., 177 Seiten, ISBN 3-540-54076-8 78,- DM

36 **Naber, H.**
Aufbau und Einsatz eines mobilen Roboters mit
unabhängiger Lokomotions- und Manipulationskomponente
1991, 85 Abb., 139 Seiten, ISBN 3-540-54216-7 78,- DM

37 **Kupec, Th.**
Wissensbasiertes Leitsystem zur Steuerung flexibler Fertigungsanlagen
1991, 68 Abb., 150 Seiten, ISBN 3-540-54260-4 78,- DM

38 **Maulhardt, U.**
Dynamisches Verhalten von Kreissägen
1991, 109 Abb., 159 Seiten, ISBN 3-540-54365-1 78,- DM

39 **Götz, R.**
Stukturierte Planung flexibel automatisierter Montagesysteme
für flächige Bauteile
1991, 86 Abb., 201 Seiten, ISBN 3-540-54401-1 78,- DM

40 **Koepfer, Th.**
3D- grafisch-interaktive Arbeitsplanung - ein Ansatz
zur Aufhebung der Arbeitsteilung
1991, 74 Abb., 126 Seiten, ISBN 3-540-54436-4 78,- DM

41 **Schmidt, M.**
Konzeption und Einsatzplanung flexibel automatisierter
Montagesysteme
1992, 108 Abb., 168 Seiten, ISBN 3-540-55025-9 88,- DM

42 **Burger, C.**
Produktionsregelung mit entscheidungsunterstützenden
Informationssystemen
1992, 94 Abb., 186 Seiten, ISBN 5-540- 55187-5 88,- DM

43 **Hoßmann, J.**
Methodik zur Planung der automatischen Montage von nicht
formstabilen Bauteilen
1992, 73 Abb., 168 Seiten, ISBN 3-540-5520-0 88,- DM

44 **Petry, M.**
Systematik zur Entwicklung eines modularen Programm-
baukastens für robotergeführte Klebeprozesse
1992, 106 Abb., 139 Seiten ISBN 3-540-55374-6 88,- DM

45 **Schönecker, W.**
Integrierte Diagnose in Produktionszellen
1992, 87 Abb., 159 Seiten, ISBN 3-540-55375-4 88,- DM

46 **Bick, W.**
Systematische Planung hybrider Montagesyste unter
Berücksichtigung der Ermittlung des optimalen Automatisierungsgrades
1992, 70 Abb., 156 Seiten ISBN 3-540-55377-0 88,- DM

47 **Gebauer, L.**
Prozeßuntersuchungen zur automatisierten Montage
von optischen Linsen
1992, 84 Abb., 150 Seiten, ISBN 3-540- 55378-9 88,- DM

48 **Schrüfer, N.**
Erstellung eines 3D-Simulationssystems zur Reduzierung
von Rüstzeiten bei der NC-Bearbeitung
1992, 103 Abb., 161 Seiten, ISBN 3-540-55431-9 88,- DM

49 **Wisbacher, J.**
Methoden zur rationellen Automatisierung der Montage
von Schnellbefestigungselementen
1992, 77 Abb., 176 Seiten, ISBN 3-540-55512-9 88,- DM

50 **Garnich. F.**
Laserbearbeitung mit Robotern
1992, 110 Abb., 184 Seiten, ISBN 3-540- 55513-7 88,- DM

51 **Eubert, P.**
Digitale Zustandsregelung elektrischer Vorschubantriebe
1992, 89 Abb., 159 Seiten, ISBN 3-540-44441-2 88,- DM

52 **Glaas, W.**
Rechnerintegrierte Kabelsatzfertigung
1992, 67 Abb., 140 Seiten, ISBN 3-540-55749-0 88,- DM

53 **Helml, H.J.**
Ein Verfahren zur on-line Fehlererkennung und Diagnose
1992, 60 Abb., 153 Seiten, ISBN 3-540-55750-4 88,- DM

54 **Lang, Ch.**
Wissensbasierte Unterstützung der Verfügbarkeitsplanung
1992, 75 Abb., 150 Seiten, ISBN 3-540-55751-2 88,- DM

55 **Schuster, G.**
Rechnergestütztes Planungssystem für die flexibel automatisierte Montage
1992, 67 Abb., 135 Seiten, ISBN 3-540-55830-6 88,- DM

56 **Bomm, H.**
Ein Ziel- und Kennzahlensystem zum Investitionscontrolling komplexer Produktionssysteme
1992, 87 Abb., 195 Seiten, ISBN 3-540-55964-7 88,- DM

57 **Wendt, A.**
Qualitätssicherung in flexibel automatisierten Montagesystemen
1992, 74 Abb., 179 Seiten, ISBN 3-540-56044-0 88,- DM

58 **Hansmaier, H.**
Rechnergestütztes Verfahren zur Geräuschminderung
1993, 67 Abb., 156 Seiten, ISBN 3-540-56043-2 88,- DM

59 **Dilling, U.**
Planung von Fertigungssystemen unterstützt durch Wirtschaftlichkeitssimulation
1993, 72 Abb., 146 Seiten, ISBN 3-540-56307-5 88,- DM

60 **Strohmayr, R.**
Rechnergestützte Auswahl und Konfiguration von Zubringeeinrichtungen
1993, 80 Abb., 152 Seiten, ISBN 3-540-56652-X 88,- DM

61 **Glas, J.**
Standardisierter Aufbau anwendungsspezifischer Zellenrechnersoftware
1993, 80 Abb., 145 Seiten, ISBN 3-540-56890-5 88,- DM

62 **Stetter, R.**
Rechnergestützte Simulationswerkzeuge zur Effizienzsteigerung des Industrierobotereinsatzes
1994, 91 Abb., 146 Seiten, ISBN 3-540-568891 88,- DM

63 **Dirndorfer, A.**
Robotersysteme zur förderbandsynchronen Montage
1993, 76 Abb, 144 Seiten, ISBN 3-540-57031-4 88,- DM

64 **Wiedemann, M.**
Simulation des Schwingungsverhaltens spanender Werkzeugmaschinen
1993, 81 Abb., 137 Seiten, ISBN 3-540-57177-9 88,- DM

65 **Woenckhaus, Ch.**
Rechnergestütztes System zur automatisierten 3D-Layoutoptimierung
1994, 81 Abb., 140 Seiten,ISBN 3540-57284-8 88.- DM

66 **Kummetsteiner, G.**
3D-Bewegungssimulation als integratives Hilfsmittel zur Planung
manueller Montagesysteme
1994, 62 Abb.; 146 Seiten, ISBN 3-540-57535-9 88,- DM

67 **Kugelmann, F.**
Einsatz nachgiebiger Elemente zur wirtschaftlichen Automatisierung
von Produktionssystemen
1993, 76 Abb., 144 Seiten, ISBN 3-540-57549-9 88,- DM

68 **Schwarz, H.**
Simulationsgestützte CAD/CAM-Kopplung für die 3D-Laserbearbeitung
mit integrierter Sensorik
1994, 96 Abb., 148 Seiten, ISBN 3-540-57577-4 88 - DM

69 **Viethen, U.**
Systematik zum Prüfen in Flexiblen Fertigungssytemen
1994, 70 Abb., 142 Seiten, ISBN 3-540-57794-7 88,- DM

70 **Seehuber, M.**
Automatische Inbetriebnahme geschwindigkeitsadaptiver Zustandsregler
1994, 72 Abb., 155 Seiten, ISBN 3-540-57896-X 88,- DM

71 **Amann, W.**
Eine Simulationsumgebung für Planung und Betrieb
von Produktionssystemen
1994, 71 Abb., 129 Seiten, ISBN 3-540-57924-9 88,- DM

73 **Welling, A.**
Effizienter Einsatz bildgebender Sensoren zur Flexibilisierung
automatisierter Handhabungsvorgänge
1994, 66 Abb., 139 Seiten, ISBN 3-540-580-0 88,- DM

74 **Zetlmayer, H,**
Verfahren zur simulationsgestützen Produktionsregelung
in der Einzel- und Kleinserienproduktion
1994, 62 Abb., 143 Seiten, ISBN 3-540-58134-0 88,-- DM

75 **Lindl, M.**
Auftragsleittechnik für Konstruktion und Arbeitsplanung
1994, 66 Abb,. 147 Seiten, ISBN 3-540-58221-5 88,-- DM

76 **Zipper, B.**
Das integrierte Betriebsmittelwesen - Baustein einer flexiblen Fertigung
1994, 64 Abb., 147 Seiten, ISBN 3-540-58222-3 88,- DM

77 **Raith, P.**
Programmierung und Simulation von Zellenabläufen
in der Arbeitsvorbereitung
1995, 51 Abb., 130 Seiten, ISBN 3-540-58223-1 88,- DM

78 **Engel, A.**
Strömungstechnische Optimierung von Produktionssystemen
durch Simulation
1994, 69 Abb., 160 Seiten, ISBN 3-540-58258-4 88,-- DM

79 **Zäh, M. F.**
Dynamisches Prozeßmodell Kreissägen
1995, 95 Abb., 186 Seiten, ISBN 3-540-58624-5 88,– DM

80 **Zwanzer, N.**
Technologisches Prozeßmodell für die Kugelschleifbearbeitung
1995, 65 Abb., 150 Seiten, ISBN 3-540-58634-2 88,– DM

81 **Romanow, P.**
Konstruktionsbegleitende Kalkulation von Werkzeugmaschinen
1995, 66 Abb., 151 Seiten, ISBN 3-540-58771-3 88,– DM

82 **Kahlenberg, R.**
Integrierte Qualitätssicherung in flexiblen Fertigungszellen
1995, 71 Abb., 136 Seiten, ISBN 3-540-58772-1 88,– DM

83 **Huber, A.**
Arbeitsfolgenplannung mehrstufiger Prozesse in der Hartbearbeitung
1995, 87 Abb., 152 Seiten, ISBN 3-540-58773-X 88,– DM

84 **Birkel, G.**
Aufwandsminimierter Wissenserwerb für die Diagnose
in flexiblen Produktionszellen
1995, 64 Abb., 137 Seiten, ISBN 3-540-58869-8 88,– DM

85 **Simon, D.**
Fertigungsregelung durch zielgrößenorientierte Planung und
logistisches Störungsmanagment
1995, 77 Abb., 132 Seiten, ISBN 3-540-58942-2 88,– DM

86 **Nedeljkovic-Groha, V.**
Systematische Planung anwendungsspezifischer Materialflußsteuerungen
1995, 94 Abb., 188 Seiten, ISBN 3-540-58953-8 88,– DM

87 **Rockland, M.**
Flexibilisierung der automatischen Teilebereitstellung in Montageanlagen
1995, 83 Abb., 151 Seiten, ISBN 3-540-58999-6 88,– DM

88 **Linner, St.**
Konzept einer integrierten Produktentwicklung
1995, 67 Abb., 168 Seiten, ISBN 3-540-59016-1 88,– DM

89 **Eder, Th.**
Integrierte Planung von Informationssystemen für rechnergestützte
Produktionssysteme
1995, 62 Abb., 150 Seiten, ISBN 3-540-59084-6 88,– DM

90 **Deutschle, U.**
Prozeßorientierte Organisation der Auftragsentwicklung in mittelständischen
Unternehmen
1995, 80 Abb., !88 Seiten, ISBN 3-540-59337-3 88,– DM

91 **Dieterle, A.**
Recyclingintegrierte Produktentwicklung
1995, 68 Abb., 146 Seiten, ISBN 3-540-60120-1 88,– DM

92 **Hechl, Ch.**
Personalorientierte Montageplanung für komplexe
und variantenreich Produkte
1995, 73 Abb., 158 Seiten, ISBN 3-540-60325-5 88,– DM

93 **Albertz, F.**
Dynamikgerechter Entwurf von Werkzeugmaschinen - Gestellstukturen
1995, 83 Abb., 156 Seiten, ISBN 3-540-60606-8 88,- DM

94 **Trunzer, W.**
Strategien zur On-Line Bahnplanung bei Robotern mit 3D-Konturfolgesensoren
1996, 101 Abb., 164 Seiten, ISBN 3-540-60961-X 88,- DM

95 **Fichtmüller, N.**
Rationalisierung durch flexible, hybride Montagesysteme
1996, 83 Abb., 145 Seiten, ISBN 3-540-60960-1 88,- DM

96 **Trucks, V.**
Rechnergestütze Beurteilung von Getriebestrukturen in Werkzeugmaschinen
1996, 64 Abb., 141 Seiten, ISBN 3-540-60599-8 88,- DM

97 **Schäffer, G.**
Systematische Integration adaptiver Produktionssysteme
1996, 71 Abb., 170 Seiten, ISBN 3-540-60958-X 88,- DM

98 **Koch, M. R.**
Autonome Fertigungszellen - Gestaltung, Steuerung und integrierte Störungsbehandlung
1996, 67 Abb., 138 Seiten, ISBN 3-540-61104-5 88,- DM

99 **Moctezuma de la Barrera, J. L.**
Ein durchgängiges System zur computer- und robotreunterstützten Chirurgie
1996, 99 Abb., 175 Seiten, ISBN 3-540-61145-2 88,- DM

Die Bände sind im Erscheinungsjahr und in den folgenden drei Kalenderjahren zu beziehen durch den örtlichen Buchhandel oder durch Lange & Springer, Otto-Suhr-Allee 26-28, 10585 Berlin